知の立国

ベルギー・
フランダースの
ライフサイエンス

「化学工業日報」欧州バイオ産業取材班

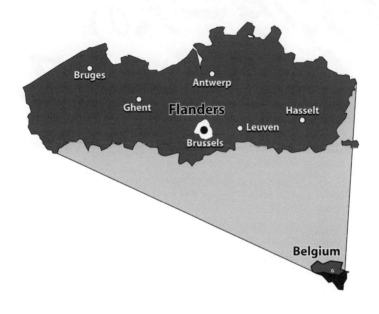

―「化学工業日報」欧州バイオ産業取材班―

石井 惇子　　　安宅 悠

は じ め に

　ベルギーは 1993 年から連邦制を導入、中央政府（連邦政府）の権限は外交や国防などに限られている。北部のフランダース地域（オランダ語圏）、南部のワロン地域（フランス語圏）、ブリュッセル首都圏（オランダ語・フランス語圏）の 3 つの各地方政府が強い権限を持っている。本書はそのうちフランダース地域におけるバイオテクノロジーやライフサイエンスにかかる企業やアカデミアに焦点を当てている。ベルギー全体を対象としたものではないことをご了承いただきたい。

　取材のためベルギーを訪れたのは 2018 年 12 月。欧州の冬の厳しい寒さは幾度か経験していたので、厚手の手袋や帽子などを用意して渡航した。しかし、同シーズンは世界的な暖冬。スーツケースにぎゅうぎゅうに詰めた防寒具はことごとく無用の長物となった。おかげで過ごしやすく体調を崩すこともなかった。

　一方、寒さ以上に心配していたのは言葉だった。取材は英語で行い、しかも通訳がつくのであまり不安はなかったが、1 人での移動や食事も予定していたので、前もって必要最低限のオランダ語のリストを作成した。だが、空港やホテルはもちろん、駅の売店や街角のパン屋でも英語でのコミュニケーションにまったく不自由を感じなかった。多言語国家であるベルギーのすごみを感じた。

　フランダースの大学で研究するメリットとしても、ラボ内で英語でコミュニケーションを取れることが挙げられる。フランダースの大学に籍を置くある日本人研究者は「米国や英国と違い、英語のネーティブスピーカーがラボには少ない。多少発音や表現に不安があっても、相手も完璧な英語の使い手でないから自信を持って話せる」と語る。自身をはじめとする引っ込み思案の日本人にはとっておきの環境なのかもしれない。

　さらに言うと、フランダースの人々の気質も日本人に合っているのではないだろうか。じつは今回の取材中、ある研究者の取材の際に少々トラブルがあった。コーディネートしてくれたベルギー・フランダー

ス政府貿易投資局（FIT）と研究者側との間でどうやら行き違いがあったようで、訪ねたときにその研究者が留守で2時間戻らないというのだ。同行したFIT職員と対応してくれた研究者の秘書は互いを責めることなく謝罪。さらに秘書は代わりに取材を受けうる研究者をすぐに探してくれた。その代打の研究者も、急な取材にもかかわらず、笑顔で丁寧に質問に答えてくれた。さらに2時間後、当初の取材対象者が汗だくになりながら駆けつけて平謝り。そこから遅くまで取材に対応してくれた。なんとも真面目かつ優しいフランダースの人々の気質を目の当たりにしたような気がした。自己主張が苦手で控えめと言われる日本人とは調和が取りやすいのではないかと感じた。

　フランダース政府は、世界的に見ても高い水準にある国民1人当たりの所得を維持していくため、バイオ・ライフサイエンス産業といった付加価値の高い産業に重点を置いている。また、大学間をつなぐVIB（フランダースバイオテクノロジー研究機関）という研究組織の設置により、ライフサイエンス分野の研究は基礎から応用、社会実装までが効率化されている。目覚ましい研究成果や特異な技術を持つフランダース企業および大学の知見、技術は日本社会にとっても有益だろう。さらに連携を深めることで新たなイノベーションも期待できるだろう。

　研究や技術に加えて、前に述べたようにコミュニケーションや言葉、気質などの点でもフランダースは日本のよきパートナーになるように思う。そのようななか、本書が少しでもフランダースと日本の架け橋としての役割を果たすことができれば幸いである。

　最後に、本書の執筆に当たり多大な協力をいただいたディルク・デルイベル氏、ベン・クルック氏をはじめとするFIT日本事務所のみなさま、リーヴェ・オンゲナ氏をはじめとするVIBのみなさま、現地で助けていただいた通訳、日本人研究者のみなさまに感謝を申し上げる。

2020年6月

「化学工業日報」欧州バイオ産業取材班

目　次

第2章　フランダースの研究機関紹介 (Organisations)

第3章　アカデミアの研究者紹介 (Academia)

第4章　バイオ関連企業紹介（Companies）

フランダースの主要研究機関、企業リスト

◎コラム

第1章

フランダース・バイオ産業の概要

1 地理、歴史からみるフランダース

　ベルギーは人口、国土面積ともに日本のほぼ 12 分の 1 の小国だが、経済水準は高い。1 人当たり名目国内総生産 (GDP) は 4 万 6,724 米ドル (2018 年 IMF) で、世界ランクは 19 位、欧州連合 (EU) 加盟国の中で上位 10 カ国に入っている。主要産業は化学、医薬品、機械、金属、食品加工、金融業などで、貿易依存度は 122.79%（207 カ国中 10 位；UNCTAD 調べ）と高い。2018 年の貿易総額は輸出 4,667 億 2,400 万米ドル、輸入 4,501 億 1,600 万米ドル（いずれも国連数値）で、輸出入ともに化学工業製品が多い。貿易相手国には経済的な結びつきが強い隣国のオランダ、ドイツ、フランス、英国、米国が上位に並ぶ。対日輸出額は 3,700（100 万ドル）、対日輸入額は 9,931（100 万ドル）となっている。ベルギーから日本への輸出品目では医薬品が上位に入っているが、この理由としてはベルギーで創業したヤンセン・ファーマスーティカ、UCB といった大手製薬企業の存在や、欧米のグローバル製薬企業の拠点集積が挙げられる。世界における医薬品の売上高上位 100 品目の 5% がベルギーで開発されており、人口 1 人当たりの開発数では米国や英国を上回っている。またベルギー全体の研究開発 (R & D) 支出の 5 分の 1 を医薬品関連が占めていることからも、同国の医薬品産業は R & D を主軸に形成されていることが読み取れる。ベルギー国立銀行の 2018 年の統計によると、医薬品の輸出額は自動車に次ぐ 2 位で 403 億ユーロとなっている。

　ベルギーの国土面積は九州の約半分にあたる 3 万 528km^2 で、強力な権限を持つ地方政府（ブリュッセル首都圏、南部ワロン地域、北部フランダース）と、統一国家を代表する中央政府から構成される連邦制の国である。2018 年の人口は 1,141 万 1,000 人 (IMF 調べ) であり、過去 10 年間で約 69 万人増加している。

　北部地域にあたるフランダースの面積は国土全体の 45% だが、人

口と地域総生産 (GRP) はいずれもベルギー全体の 60% を占める。欧州における交易と文化の十字路として歴史的に栄えてきた地域であり、首都でもあるブリュッセルには EU と北大西洋条約機構 (NATO) の本部が置かれているほか、約 120 の国際機関、約 1,400 の非政府組織 (NGO) の事務所が置かれている。ブリュッセルが欧州の首都と称されるのは、欧州の政治や行政の機能が集中しているためである。実際、世界各国から外交・通商代表として集まっている外交官の数はニューヨークに次いで世界第 2 位である。

　地図でみると、フランダースは欧州主要地域のほぼ中心に位置していることがわかる。ブリュッセルを基点とした距離はロンドン：390km、パリ：300km、デュッセルドルフ：270km であり、欧州経済の中心国である英国、フランス、ドイツの主要都市へのアクセスに優れる。陸海空の交通・物流網も発達しており、欧州の多くの市場へ陸路で 24 時間以内に製品を納入できる。貨物取扱い量で世界第 5 位以内に入るアントワープ港をはじめ、ゲント、ゼーブルージュ、オステンドという 4 つの貿易港があり、いずれも周辺地域の輸送インフラに直結している。こうした地の利やロジスティックスの優位性もフランダースの大きな魅力であり、国内外の多くの企業がフランダースに拠点を構える理由の 1 つになっている。

　在ベルギー日本大使館の調べによると、ベルギーに進出している日本企業の数は 2019 年 5 月現在で 229 社にのぼり、またベルギー・フランダース政府貿易投資局 (FIT) 日本事務所の調べによると、フランダースに進出している日系企業は 2019 年 5 月現在で 155 社、209 拠点（ブリュッセル首都圏を除く）となっている。これらのデータから、ベルギーに進出した日系企業の 7 割近くがフランダースに集中しているものと推測される。進出企業のうち製造業は自動車、自動車部品、電機・電子、化学工業、食品などと裾野が広い。

　アントワープには欧州最大の化学クラスターを抱えており、米国・ヒューストンに次ぐ世界第 2 位の石化基地となっている。1960 年代

から大手化学メーカーの BASF、バイエル、デグサなどが投資を始め、現在でもランクセスやイネオスが大規模投資を発表するなど港の開発は続いている。この背景には自動車の電動化の流れがあり、そこで必要となる特殊ポリマーへの投資が相次いでいる。

　化学産業はフランダースの最大産業となっており、ベルギーの輸出全体の約 25% を占めている。またベルギーの GDP が EU 全体に占める割合は 3% 強に過ぎないが、ベルギーの化学産業が EU 化学セクターの全売上高に占める割合は 7.3% 以上、化学品全輸出高に占める割合は約 13.1% にのぼる。フランダースには化学に関連する企業が約 1,500 社（中小企業約 1,100 社を含む）あり、年間売上高は 330 億ユーロに達する。

　フランダースの経済や産業が発展してきた理由として、欧州経済の中心に位置してきたという地理的・歴史的要因が挙げられる。フラマン人の土地であるフランダースはアングロサクソン、ラテン、ゲルマンの文化が出会う交差路に位置し、これら文化の影響を何世紀にもわたって受けながら柔軟性、多言語能力、ビジネスノウハウなどが磨かれた。このためベルギー人は国民性として「調整する人」を自認する。フランダースの公用語はオランダ語だが、英語、フランス語、ドイツ語にも堪能な人が多く、多言語が通じる労働力およびコミュニティーとしては欧州で最大である。フランダースは数学的リテラシーで 9 位、読解力で 10 位、科学的リテラシーで 12 位（OECD・PISA 調査 2015 年）となっており、また、ベルギーの労働生産性（労働者 1 人 1 時間当たりの生産額）は世界 4 位（US Conference Board 調査 2019 年）である。

　小国であるがためにオープンエコノミーを志向してきたベルギーだが、貿易依存度が高いだけに世界経済の影響を受けやすい。2012 年以降の経済成長率は欧州債務危機の影響で低迷していたが、ユーロ圏の経済の持ち直しと内需の微増に支えられて緩やかに回復しており、2015 年に 1.4%、2016 年に 1.2% となった。しかし足下では英国の EU 離脱（BREXIT）に備えてあらゆる製品の在庫がだぶついており、

ベルギーは 2019 年の実質 GDP 成長率予測を 1.4％に下方修正している。ベルギーにとって最も影響力が強いのはドイツ経済であり、対独輸出は 25％にものぼる。英国は第 4 位の貿易相手国だが、BREXITの影響を受ける国としてベルギーは世界第 2 位に挙げられている。北海につながるゼーブルージュ港、オステンド港の最大顧客は英国であり、突然ノーディールとなった場合の影響は計り知れない。こうしたなか、FIT には日系企業からのベルギー進出に関する問い合わせが急増しているという。金融、保険会社を皮切りとして、最近では化学企業などによる生産拠点、研究開発拠点の設置に関する話もある。

　中央政府は外国企業による投資を維持するため、ユーロ圏内でも割高な賃金コストの軽減に向けた諸改革を進めている。失業率はユーロ圏平均を下回るが（2016 年に 8.0％）、若年層・高齢者・移民では高く、またユーロ圏平均に比べて高いインフレ率（2016 年に 1.8％）が懸念されている。こうしたなか、フランダース政府は経済成長に向けて、化学産業に加えて付加価値や知識集約度の高いバイオテクノロジー・ライフサイエンス産業を重視し、強力な振興策を推進している。

2 フランダースのバイオ戦略

(1) バイオ研究の黎明期から過渡期

1970年代にゲント大学のワルター・フィールス教授が単一遺伝子の配列解析に世界で初めて成功して以来、フランダースのバイオ研究は1980年代にかけて目覚ましい成果を上げた。例えば、ゲント大学名誉教授であるマルク・ヴァン・モンタギュー博士[1]は「植物遺伝子工学の祖」として知られる。1988年にはアグロバクテリウム法を確立して、外来遺伝子を植物細胞へ効率よく組み込むことに成功した。この功績は、害虫抵抗生物や除草剤耐性植物などの遺伝子組み換え植物の発展に大きく寄与した。ルーヴェン・カトリック大学で教授を務めたデジレ・コレン博士[2]は、血栓溶解剤として知られるタンパク質「tPA」を発見した人物である。tPAは血液中のタンパク質プラスミノゲンを酵素プラスミンに活性化する酵素で、心筋梗塞や脳梗塞の治療で広く使用されている。

一方で、これらの業績がフランダース経済に大きく寄与したとは言い難かった。例えばコレン教授の研究成果に基づく特許は米ジェネンテックに譲渡されており、同社によるFDA（米国食品医薬品局）への申請は、1987年に承認されることとなる。

(2) 真の成長期へ、VIB の誕生

フランダースは、日本と同じく資源に乏しいうえ、面積も狭い。1990年代に入り、フランダース政府は21世紀の経済成長を担いうる新たな牽引役を模索し始める。そこでマイクロエレクトロニクスとともに着目したのが、ライフサイエンス、バイオロジーであり、盛ん

---

*1)「5　バイオ産業発展の基礎研究　モンタギュー博士」の項（38ページ）を参照。
　2)「4　デジレ・コレン博士」の項（26ページ）を参照。

なバイオ研究の成果を着実にフランダースへ還元できる仕組みを構築していくという方向性が見いだされた。つまり、大学やラボのレベルにとどまることなく、優れた基礎研究を医療や農業、産業といった実社会へつなぎ、経済発展へ結びつける計画だ。

こうした概念のもとに、VIB（フランダースバイオテクノロジー研究機関）は1995年に非営利組織として設立された。バイオ研究の活性化はもちろんのこと、スピンオフ企業の設立などを通して、研究成果をフランダースの経済力に直結させる役割も担う。また一方で、フランダースにはバイオロジーの発展に否定的な考えを持つ勢力があることも否定できない。バイオロジーの経済的かつ社会的な有用性を説明することもVIBの重要な使命と位置づけられた。

（3）確固たる地位の確立

現在、VIBはフランダースで確固たる地位を築いている。その経済効果はフランダース政府も認めるところだ。フランダース政府はVIBに在籍する80の研究グループに対して、1研究グループ当たり年間40万ユーロ、全体で3,250万ユーロを支出しているが、VIBに係る現在の経済効果はその約3倍と試算されている。

例えば、600人の研究者を雇う一方で、VIBはフランダース全体で1,150人の雇用も生み出している。さらに2017年にVIBが導出したライセンスは35件で、ライセンス料は約12億ユーロに上る。同年にVIBが運営するバイオインキュベーターなどに招致した海外企業による経済効果は9億ユーロで、そこでも650人の雇用を生み出している。

3 フランダースバイオと 日本バイオインダストリー協会

フランダースバイオ
flanders.bio

ウィレム・ドーへ　ゼネラルマネージャー
Willem Dhooge, Co-General Manager

✉ **e-Mail** willem.dhooge@flanders.bio

パスカル・エンゲレン　ゼネラルマネージャー
Pascale Engelen, Co-General Manager

✉ **e-Mail** pascale.engelen@flanders.bio

💻 **Web** https://www.flanders.bio/en/

フランダースバイオ

　フランダースバイオ（flanders.bio）は 2004 年に設立された非営利組織で、ベルギー・フランダースにおけるバイオテック産業の振興を使命としている。ゲントの本部には 7 人のスタッフが在籍しており、会員同士を結ぶネットワークの構築を中心として、バイオテックに関わる様々な組織の連携強化、対外的な PR 活動など、活動内容は多岐にわたる。

　フランダースバイオには、フランダース地方を中心にバイオテック産業に携わる 350 以上の会員が加盟している。多くはフランダースに拠点を有するものの、このうち 100 程度はワロン地方、オランダ、フランス、ドイツなど、フランダース地方以外を本拠とする団体であり、ワロン地方のバイオテック企業のほとんどがフランダースバイオに加盟している。

　活動資金はメンバーシップフィー（会費）や戦略的パートナーからのパートナーシップフィー、イベントやセミナーの開催収入、国や自治体が公募する競争的な助成金（国家プロジェクトの受託）から得ている。戦略的パートナーにはヤンセン・ファーマスーティカなどの大手製薬企業やVIB（フランダースバイオテクノロジー研究機関）などが名を連ねるほか、さらなる国際化の推進を目的に、2016年からはベルギー・フランダース政府貿易投資局（FIT）とも戦略的パートナーシップを結んでいる。

　会員の構成をみると、主にバイオテックのR＆D企業、サービスプロバイダ（知的財産に特化した法律事務所や人材派遣企業、投資家、臨床試験に特化した企業など）、アカデミアの3つに分類できる。構成比率はバイオテックのR＆D企業が3分の2を占めており、このグループが最も成長しているという。その背景として、バイオテック企業の多くに研究開発の工程を外部委託するニーズが増えていることが挙げられる。フランダースバイオの会員には、小規模なバイオテック企業からの低額の案件でも請け負うことができる小回りの効くバイオテックベンチャーが多数在籍しており、研究開発外注の裾野を広げている。

　重要な活動の1つにネットワーキングイベントの開催がある。なかでも「Knowledge for Growth」は世界のバイオテックのキープレーヤーが集結する欧州最大のライフサイエンスイベントの1つであり、毎年開催される最重要イベントである。このほかに各種研修の開催やバイオテック起業家の経験を共有する場を設けたり、FITとの協力により海外企業の誘致や投資を呼び込むためのPR活動もある。またプレスリリースの発行のほか、近年ではフランダース最大の求人サイトとの提携による求人情報サイトの運営も行っている。新しい法律や規格が検討される際には会員にとって望ましい展開になるよう働きかけるロビー活動、政府が募集するバイオテック関連プロジェクトへの応募による助成金獲得などがある。

将来について

　フランダースバイオテック産業のさらなる発展に向けて、会員ととも
に将来の成功要因を探っており、次の5分野を特定している。①イ
ノベーション、②新テクノロジー、③上市前製品試験、④人材の管理、
⑤ライフサイエンスに特化した投資家の確保。なかでも②はバイオ
テックと創薬、AI、IoT、ビッグデータを活用し、次世代のヘルスケ
アソリューションに位置づけられるテーラーメード医療（個別化医療）
の確立を目指すもので、近年最も力を入れている取り組みとなってい
る。個別化医療は全欧州規模で実施される最大規模の研究およびイノ
ベーション促進のためのフレームワークプログラム、「ホライズン
2020」においても重要テーマの1つに位置づけられており、複数の関
連プログラムが推進されている。欧州レベルで地方をまたいだコン
ソーシアムも発足しており、2018年からはフランダースバイオの主
導でオランダ、スペイン、フランスなど複数地域間連携での個別化医
療のネットワーク構築にも乗り出している。「欧州レベルで実際に個
別化医療への投資が始まるまでに5〜6年はかかるだろう。フラン
ダース政府や他の地方と共同で、この分野を地域単位で発展させるた
めにはどうお金をかけるべきか、話し合いを始めたところ」という状
況であり、中長期的に取り組んでいく姿勢だ。

　③についてはバイオテックベンチャーに不足している知見を補うも
ので、④は特にデータサイエンティスト、ライフサイエンスの統計学
者やエンジニアなどにフォーカスしている。これらはサービスプロバ
イダに当たるが、近年はその数を増やしており、現在ではコンピテン
スプロバイダに並びフランダースバイオの重要な柱となっている。「こ
れら5つのサクセスエリアに取り組むことで、フランダースのバイ
オテック企業の持続的成長を可能とするエコシステムの強化が自然と
図られる」としている。

日本バイオインダストリー協会（JBA）との連携

日本バイオインダストリー協会（JBA）主催の BioJapan への参加もフランダースバイオの重要な活動であり、定期的に参加している国際イベントの1つである。BioJapan には 2012 年頃からワロン地域のクラスター機関、バイオベンチャーとともに参加して

ギュンテル・スレーワーゲン大使（左）と
永山治JBA理事長（右）

おり、海外からの参加者としては最大の出展社となっている[1]。日本・ベルギー友好 150 周年にあたる 2016 年にはベルギー国王が BioJapan 2016 に出席し講演を行った。

2017 年にはフランダースバイオの招きに応じた JBA が同地のバイオエコシステムを訪問したほか、Knowledge for Growth と BioEquity[2] という 2 つのイベントに日本から 7 社（十数名）が参加した。Knowledge for Growth ではオープニングセレモニーの一環としてベルギー厚生大臣臨席のもと、フランダースバイオのチェアマンである Erwin Blomsma 氏と JBA の塚本芳昭業務執行理事・専務理事が、情報共有などを柱とした両組織の協力協定に調印している。

BioJapan 参加による成果として、リマインド（reMYND）[3] は過去 5 年 BioJapan に出展し、6 件の契約に至っている。またノボサニス（Novosanis）[4] は製薬企業 2 社と臨床用途での注射器に関する契約の獲得に至っているという。

---

*1) BioJapan2018 では 21 団体が出展した。

2) EBD グループ主催の投資家向けイベント。

3) 疾患モデルマウスを使った医薬品候補物質の評価、および医薬品の探索・開発を手掛ける。第 4 章「リマインド」（136 ページ）の項を参照。

4) 注射器と体液のサンプリング装置の開発製造を手掛ける。第 4 章「ノボサニス」（148 ページ）の項を参照。

ルーヴェン (Leuven)

　知識の渇き、そして喉の乾きを癒すなら、ルーヴェンはまさにぴったりです。若さみなぎるこの町へは、ブリュッセルから列車でわずか20分。創設1425年のルーヴェン・カトリック大学がある、ベルギー最大の学生の町です。大学では、哲学者エラスムスが教鞭を執り、地理学者メルカトルが学びました。現在3万人を超える学生が学んでおり、町には大学関連の歴史的建物が点在しています。

　アウデマルクトには数十軒ものビアカフェが集まり、大賑わい。個人経営のドムス醸造所が経営する店をはじめ、街中にはビアレストランもたくさんあります。街歩きに疲れたらぜひひと休みを。チョコレートやチーズの店も多く、買い物好きにも楽しい町です。ルーヴェンは、どのスポットへも徒歩や自転車で楽に行くことができる街、旅行者には嬉しいポイントです。

出典：Oude Markt©Toerisme Leuven

4 VIBと教育機関の連携

(1)「壁のない研究施設」

VIBが設立段階で求められたのは迅速な立ち上げだった。そこで生まれた基本理念が「壁のない研究施設」だ。バイオ研究をリードするゲント大学、ルーヴェン・カトリック大学、ブリュッセル自由大学、アントワープ大学の4大学とパートナーシップを締結して研究施設を組織化し、既存の大学施設や優秀な研究者たちをそのまま有効活用することによって世界トップレベルの研究の迅速な実現を試みた。

また、この基本理念に基づき、VIBと4大学は各ラボレベルで協力し、研究やプロジェクトで補完し合っている。例えば、マウスやカエルなどの生物モデルなどを融通するほか、必要な人材も互いに派遣し合っている。VIBは、これらの協力体制が円滑に運営されるように調整役を担っている。さらに必要な実験設備や技術、教育プログラムもVIBが開発、提供を行っている。

(2) VIBの組織体制

VIBの最上位にはフランダース政府や企業、大学などの関係者からなる総会がある。年1回開催される総会では、年度の評価や、次期会計年度の予算などを承認する。その下には司法管轄外に機構を代表する理事会があり、VIBの運営方針を決定している。

さらに下部には日常的なマネジメントを担う総括経営層（General Management）と、デパートメント部長や本部のマネージングディレクター、CFOからなる経営委員会（Management Committee）がある。各グループリーダーが所属するGroup Leader Committeeは2年ごとに新規に選出される。

研究部門は9つあり、4大学のキャンパスに分かれて存在する。ルーヴェン・カトリック大学には脳疾患研究、がん生物学、マイクロ生物

学のほかに、imec と共同運営する NERF（ニューロエレクトロニクス研究フランダース）がある。ゲント大学には、炎症研究、植物システム生物学、医用生体工学の、アントワープ大学には分子遺伝学の、ブリュッセル自由大学には構造生物学の研究部門が、それぞれ置かれている。

　なお VIB の研究者は VIB と大学の 2 つに所属しているものとして扱われている。論文や特許についても、各大学と VIB の連名とすることで、2 組織の成果としている。オーナーシップは VIB と各大学で 50：50 とする規定も設けられている。

(3) 厳しい審査で高レベルな研究活動を維持

　現在 VIB では、全研究部門を合わせると 81 のグループリーダーが研究室を率いている。

　VIB のグループリーダーとなることのメリットは大きい。大学の研究費に加えて毎年 30 万ユーロの研究費を得ることができるからだ。だがその地位を維持するのは容易ではない。VIB は 5 年を 1 サイクルとする。つまりグループリーダーは 5 年に一度、その資格があるか審査されるのである。VIB のグループリーダーの資格は、大きく言うと各分野で「欧州でトップ 10 に入る研究者」であることである。

　2021 年から始まる次期サイクルに向け、2019 年秋には 1 年におよぶ審査活動がスタートする。研究およびビジネスの双方に見識を持つ審査員を世界中から集め、論文数やその内容などから総合的に判断する。今後 5 年間、世界トップレベルを維持できるかどうかという将来性も重要な判断材料となる。

　5 年に一度の審査を経て、約 15％の研究室でグループリーダーが入れ替わる。なかには他の研究機関への移籍などもあるが、その多くは審査をクリアできなかったか、あるいは厳しい基準を前に自ら辞退したことによるものだ。厳しい審査、基準のもとで高品質な研究を維持することは、VIB の成果につながっている。2017 年には世界的に権威のある雑誌（上位 5％）に、VIB に関係する 237 の論文が掲載さ

れた。論文の引用件数も伸長傾向にある。

（4）研究を支える VIB の活動

　VIB の研究活動は基本的に、政府と各大学が支出する 1 億 4,000 万ユーロと外部から得た助成金で成り立っている。外部からより多くの助成金を獲得するために、2018 年 1 月にはインターナショナルグラントオフィスが VIB 内に設置された。欧州委員会をはじめ、世界各国の財団などから助成金を得られるよう、申請方法などを研究者に対して指導している。

　一方、国際化による研究の活性化にも取り組んでいる。VIB ではインターナショナル Ph.D. プログラムを実施しており、4 年間（2 年ごとに更新）で給与付きの Ph.D.8 人を採用している。同プログラムには 400 人が応募するが、プレゼンテーションにたどり着くのはわずか 25 人ほどで、採用は 8 人という狭き門だ。さらに 2011 年から 2016 年には欧州委員会と共同で「オミクス アット VIB」というポスドク（博士研究員）を対象としたフェローシップも開設し、20 人の海外国籍者を受け入れている。

　このような活動が功を奏し、現在は Ph.D. およびポスドクの 50％、グループリーダーの 30 ～ 40％を海外国籍者が占めている。

　VIB ではさらなる国際化を図るため、優秀な研究者が子女の教育環境に悩むことなく、フランダースで研究できる環境の整備を進めている。インターナショナルスクールはこれまでブリュッセルにしかなかったが、地元企業と協業のもとゲントおよびルーヴェンにも 2015 年に設立している。

　中国をはじめ多くの海外国籍の研究者が VIB で活動を行っているが、日本人研究者は現状、7 人にとどまっている。VIB では英語での研究活動が可能なのだが、日本ではその認識が薄いようで、このことも、日本人研究者が少ない要因の 1 つだ。今後は、VIB の研究環境を日本で周知する活動も進めていく方針だ。

リーヴェ・オンゲナ博士　Lieve Ongena, Ph.D.

VIB　国際科学政策シニアマネジャー
VIB Senior Science Policy & International Grants Manager

e-Mail　lieve.ongena@vib.be

ヨー・ブリー博士　Jo Bury, Ph.D.

VIB　マネージングディレクター
VIB Managing Director

e-Mail　jo.bury@vib.be

Web　http://www.vib.be

　VIB（フランダースバイオテクノロジー研究機関）は 2016 年にフランダース政府と新たな契約を締結している。新事業計画策定に伴い、「VIB from Science to IMPACT」という新スローガンを掲げており、「基礎研究を実用化へ結びつけていく意志をあらためて明確化した」と国際科学政策シニアマネジャーを務めるリーヴェ・オンゲナ博士はその意義を説明する。

　研究の実用化に関して、マネージングディレクターを務めるヨー・ブリー博士は「VIB の成果はバイオ医薬品や農業などの分野の発展に直結しうる」と強調する。VIB は分子メカニズムが生命に果たす役割の解明に特に注力しており、その研究成果を応用することにより、アルツハイマー型認知症（AD）やがんなどの疾患に対する新たな治療の選択肢や、過酷な環境に強い作物の作製などにつながるものと、今後ますます期待される。

　今回の事業計画では、VIB に 3 つのミッションが設定されている。まず挙げられるのが世界でトップ 10 に入る研究を実施することである。これは、「サイエンス」や「セル」、「ネイチャー」など世界的に有力な雑誌に掲載された論文数をもとに評価される。

　VIB が取り組むバイオ分野は世界的に競争が激化しており、勝ち

リーヴェ・オンゲナ博士

ヨー・ブリー博士

抜くためには研究者によりよい研究環境を提供することが重要となる。ブリー博士は「世界に先駆けて最新の技術を取り入れていくことがよい研究成果につながる」と指摘する。

　一般社会とのコミュニケーションを強化することもミッションの1つである。これはVIBのコミニュケーショングループが担当しており、バイオ研究がどのように社会で役に立つのか、その把握に努めている。

　研究で得られた知的財産を最大限に活用することも、また重要なミッションだ。そのために、スピンオフ企業の設立などを担当してきた技術移転チームを強化し、「VIB Business & Innovation（VIB^2）」と名称を改めている。VIB^{2}の構成員20人は、全員が研究者として活動した経験を持つ。そのため研究者の立場や研究内容をよく理解したうえで、知的財産の活用先を模索することができる。

　スピンオフ企業の設立に加え、特許の申請や取得もVIB^{2}の役割で

VIB外観

VIB施設内

VIB研究室

ある。研究現場とのコミュニケーションを活性化させて、より適切かつ積極的に有益な特許を取得する体制を築いている。

さらにVIB[2]にはビジネスディベロプメントのセクションもある。同セクションは、いわば共同研究先との交渉窓口であり、ライセンス料やロイヤリティなどの交渉の効率化を図っている。「窓口を一本化しているので、研究室内で教授らの異動があっても、企業との関係を断絶することなく交渉できることはメリットだ」とオンゲナ博士は強調する。

また、ブリー博士は「VIBが率先してトランスレーショナルリサーチ（橋渡し研究）を進めていけば、多くの科学者を巻き込み、いわゆる"バイオテックエコシステム"も構築しうる」と話す。VIBでは毎年、17%の人材が入れ替わっている。すなわちVIBは、高度な技術を身につけた人材を業界へ供給する役割も担っているのである。これもまたエコシステムの成長につながっているといえるだろう。

「このエコシステムの成長が、政治家や官僚の注目を集め、バイオテックに関する政策や法整備を適切な方向へ導くだろう」とブリー博士は期待を示す。

ゲント (Gent)

　ゲントは、中世の輝かしい過去と、活気に満ちた現代とが美しく調和した町です。町中には何百年も経た建造物が点在し、歴史を見つめてきたいくつもの尖塔が空に向かってそびえています。ゲントはまた、フランダース地方最大の大学の町で、居心地の良いカフェや手頃な値段のレストランが集まっています。「花の都」とも称されるように至る所に花が溢れ、ゆったりとした雰囲気が漂っているのも魅力です。

　ゲント市街を一望する絶好の場所はフランドル伯の城。その見張り台からは、町を彩る長い歴史を誇るオペラハウス、18 の多様な博物館、100 の教会、400 を超える歴史的建造物を望むことができます。

出典：Water Ghent - Graslei© Milo Profi

ヘールト・ヴァンミネブルゲン博士　Geert Van Minnebruggen, Ph.D.

VIB　科学技術ユニットヘッド／コアファシリティヘッド
VIB Head of Science & Technology Unit／Head of Core Facilities

Web　http://www.vib.be

e-Mail　geert.vanminnebruggen@vib.be

コアファシリティは、VIBの多岐にわたる領域の研究者らに専門的な実験装置やサービスを提供する機関であり、実験機材のセッティングからデータ加工までを一貫してサポートする。現在、バイオインフォマティクス（生物情報科学）、スクリーニング、ゲノミ

ヘールト・ヴァンミネブルゲン博士

クス、ニュークレオニクス、ナノ抗体、プロテオミクス、プロテイン（タンパク質）、バイオイメージング、NMR（核磁気共鳴装置）、メタボロミクスの10のコアファシリティがVIBで稼働している。

　ゲント大学、ルーヴェン・カトリック大学、アントワープ大学、ブリュッセル自由大学の4つの大学にわたってそれぞれの拠点が配置されており、原則1コアに1人のリーダーが置かれている。1コア当たり4〜10人、コアファシリティ全体では80人の技術者が在籍しており、最新の技術を提供できる体制が構築されている。

　コアファシリティのヘッドを務めるヘールト・ヴァンミネブルゲン博士は「研究に欠かせない技術的なプラットホームに研究者らが容易にアクセスできる環境を整備することが我々の役割だ」と説明する。

　最新技術にかかわる技術トレーニングを研究者らに提供するのも、コアファシリティの役割だ。各研究室のグループリーダーとは各技術情報の共有を図るなど密接な連携を取り合っており、リスク回避や技術向上などのための"技術エコシステム"の構築も目指している。

また、VIBの研究者だけではなく、ゲント大学のテクノロジーパークにあるバイオインキュベータ内の企業などにも情報を発信し、より効率のよい共同研究へつなげる役割なども担っている。

ヴァンミネブルゲン博士は「最先端の技術を市場に出る前に導入するのもコアファシリティの役目だ」と強調する。現在、最も注視しているのが「シングルセル　アクセラレーター」という技術で、シングルセル（単一細胞）分析技術のプラットフォーム確立を目指している。VIBではイノベーションラボを2008年に設置しており、当初2人で始めた同ラボは2019年には9人体制に拡大する予定であり、コアファシリティへの移行も検討している。

VIBではこれまでにも独・EMBL（欧州分子生物学研究所）や独・マックス・プランク研究所、オーストリア・バイオキャンパスセンター、スイス・ETH（チューリッヒ工科大学）などと連携してきた実績がある。加えて2017年からは、いずれも仏・パリにあるキュリー研究所とパスカル研究所との共同研究も開始している。「今後も、コアファシリティの概念に基づいた技術革新を、これらの名だたる研究所とともに進めていきたい」とヴァンミネブルゲン博士は話す。

ゴラムレザ・ハッサンザデ博士　Gholamreza Hassanzadeh, Ph.D.

VIB　ナノ抗体コア　シニアエキスパートテクノロジスト
VIB Nanobody Core, Senior Expert Technologist

🖥 http://www.vib.be
Web https://corefacilities.vib.be/

✉ reza.hassanzadeh@vub.vib.
e-Mail be

ゴラムレザ・ハッサンザデ博士

　「いかなる分子であっても特定して攻撃することができる抗体は、病気に対抗するうえで貴重な武器だ」と話すのはVIBのナノ抗体コアでシニアエキスパートテクノロジストを務めるゴラムレザ・ハッサンザデ博士だ。同コアはラクダ由来のナノ抗体を世界に先駆けて発見して以来、同抗体のプラットホームの構築に努めてきた。同抗体について30年にわたる研究実績を有し、世界でも有数の拠点といえる。

　2014年からはアカデミアおよび産業界向けにナノ抗体の供給も開始している。競争力がある良心的な価格設定で、供給先の研究内容に即した高精度なカスタマイズ品を提供している。

　ナノ抗体の最大の利点は、そのスケールの小ささだ。従来の抗体のうち最も小さなものの断片の大きさが、ナノ抗体のサイズの約3倍にあたる。この特徴のため、例えば放射性抗体によるがん診断・治療の際に腫瘍に侵入しやすく、的確な位置に放射線を当てることができる。また、迅速に尿として容易かつ安全に排出される点も利点である。

　サソリ毒など低分子量の毒物が体内に侵入すると、その毒物は、一般的な抗体がその大きさのために入り込めないようなところまで拡散してしまう。しかしナノ抗体はサソリ毒とほぼ同じ大きさであるため、低分子量の毒物が入り込んだところまで抗体を侵入させ、それを阻害

することができる。

　スケールの小ささ以外にもナノ抗体には優れた特長がある。生産コストが安く、安定性も高いほか、溶解しやすいことも利点だ。高濃度の医薬品に同抗体を用いれば、保管期間が長くなっても固まることなく、品質をある程度維持できる。

　ナノ抗体に特定の化合物（毒）を結合させて腫瘍に届け、腫瘍を殺すこともできる。従来の抗体ではターゲットとなる位置を詳細に特定して化合物を届けることは困難だった。「一般的な抗体で、この治療法を施すと、全身に毒が回り危険だ」とハッサンザデ博士は説明する。

　一方、ナノ抗体は、医薬品としてだけではなく、診断薬や研究ツールとしても有用だ。作物保護などの観点からも注目されており、その世界市場は拡大している。VIBでは既にナノ抗体に係るスピンオフ企業を6社、設立している。

　医薬品関連としては最も規模が大きい「Ablynx」をはじめ、「Orionis Biosciences」、「Confotherapeutics」の3社があり、研究ツールおよび診断薬関連では「NSF」、「Camel-ID」が挙げられる。残る1社がグリーンバイオテックの「バイオタリス（biotalys）[1]」で、「ナノ抗体はヒューマンヘルス以外への応用の可能性もある」とハッサンザデ博士は期待を示す。

　同コアのVIB研究者への貢献度も高い。VIBの研究者は2014〜2017年の4年間に、同コアのナノ抗体や技術を用いて15件の特許を取得している。同期間内にナノ抗体を使用した研究論文の発表数も60本におよぶ。

　同コアはナノ抗体に関する非常に複雑な知見を有しており、ナノ抗体を用いた研究に同コアの技術者らの知見は欠かせない。ハッサンザデ博士は「VIBは既に実社会での応用を想定した研究を進めている。それを実現するために今後も力になっていきたい」と意気込む。

＊1）第4章「バイオタリス」（108ページ）の項を参照。

バルト・ゲスキエール博士

　バルト・ゲスキエール博士はメタボロミクス（代謝学）の技術者である。博士の研究室では、技術者と、臨床に近い生物学の知見を持った人材が融合して作業にあたっており、がんを主なターゲットとしている。正常な細胞ががんとなるとき、見た目もその働きも変化する。メタボロミクスを通してその細胞の変化を止めることが研究の目的である。ゲスキエール博士は「決して技術そのものの発展が目的ではない。患者を助けることが重要だ」と強調する。

　メタボロミクス解析では、疾患をさまざまな角度からみることができる。つまり、各疾患の専門家らにとっては、症状など疾患に係るあらゆる現象の観察が可能である。DNA や RNA、タンパク質に比べ、代謝物は最も現象に近いものであると解釈することができる。したがって、現象を考察する際には代謝物に注目すればよい。ゲスキエール博士は「現象をケーキにたとえるならば、DNA や RNA はレシピ。タンパク質は道具。代謝物は材料みたいなものだ」と笑う。材料にあたる個々の代謝物の量を質量分析計（MS）を用いて測定することで、その現象を分析することもできる。

　一方、ゲスキエール博士は「メタボリズム解析はロードマップを作成しうる」ともたとえる。ケーキでは材料は一定だが、さまざまな経路が入り込む細胞内では、代謝物（材料）は常に変化する。つまり、が

んになった場合にどのような経路が使われるかを把握できれば、治療法の開発につながる。

その考えに基づき、ゲスキエール博士の研究室が生み出した技術が「トレーサー・メタボロミクス」だ。同技術は経路を移動するグルコースなどを、染色した代替物や非放射性同位体に置き換えるものであり、代謝経路全体を把握することができる。「同技術を用いれば、がん細胞と健康的な細胞の代謝経路を比較することも可能だ」と博士は説明する。どの経路に違いがあるかを把握できれば、どのタンパク質に原因があるかが判明するし、さらには関係するDNAやRNAも明確化できる。

ゲスキエール博士は同技術を、とあるがん治療薬の耐性についての研究に応用した。同治療薬はエネルギーを生産するピルビン酸解糖系クエン酸回路を遮断する。しかし、同技術を用いて観察すると、バイパスのような別の回路がその後、エネルギーを供給していることが判明した。博士はこの事実を治療薬の開発者らに報告し、2つの回路を遮断する治療薬の開発を提言した。

ゲスキエール博士はまた、同技術を代謝疾患の治療法開発にも活用しようとしている。子どもに多くみられる同疾患の治療としては現在、グルコースの投与が行われているが、大半のケースで効き目がない。博士の研究チームでは、患者の代謝経路の変化を分析することにより、不足している栄養を特定しようと試みている。特定することができれば、その物質を患者に与えることができる。例えば、とある代謝酵素に突然変異が起こっている患者では、乳糖を与えると効果があることが分かっている。

ゲスキエール博士は同技術を用いてその作用を徹底的に解明しようとしており、「今後も、同技術を用いた分析受託および、アカデミアとの共同研究、双方を想定して、培った知見を生かしていきたい」と話す。

デジレ・コレン博士　Désiré Collen, M.D., Ph.D.

ルーヴェン・カトリック大学名誉教授／ VIB-KU Leuven　がん生物学センター
VIB-KU Leuven Center for Cancer Biology, Professor Emeritus, Cathoric University of Leuven

 e-Mail　desire.collen@med.kuleuven.be

デジレ・コレン博士

　デジレ・コレン博士は、近畿大学医学部名誉教授の松尾理博士らとともにタンパク質「tPA（組織プラスミノーゲンアクチベーター）」を発見したことで知られる。tPAは血液中のタンパク質プラスミノーゲンを酵素プラスミンに活性化する酵素であり、1987年に導出先の米ジェネンテックが米国食品医薬品局（FDA）から承認を取得している。血栓溶解剤として、世界中の心筋梗塞、脳梗塞患者に用いられている。

　従業員わずか69人からスタートしたジェネンテックは現在、スイスのメガファーマであるロシュの傘下となり、2018年12月現在は1万2,000人の規模まで拡大している。コレン博士らには毎年1,000万ユーロのライセンス料が入ってくる。これはまさにバイオテクノロジーが経済に貢献しうることを証明する事例といえる。一方で、博士は「1990年代前半まで、フランダース政府はバイオテクノロジーよりも劇場へ予算を多くつぎ込んでいた」と振り返る。

　潮目が変わるきっかけとなったのは、リュック・ヴァンデンブランデ前フランダース政府首相らが、貿易拡大を目的とした使節団として米国を1990年代前半に訪問したことである。そこで使節団が面会した米国の科学者らが、フランダースのバイオテクノロジー研究成果の重要性を説いたのだ。

　さらに米国から帰る飛行機のなかで、ゲント大学のマルク・ヴァン・モンタギュー博士[1]らが前首相に「われわれの研究成果をフランダースにとどめておくために予算をもっと割くべきだ」と主張した。そして1995年にVIBが設立されることになる。

　一方、コレン博士は1985年に設立されたトロンボジェニクスの設立者に名を連ねている。同社はフランダースにおけるバイオベンチャーの草分け的な存在であり、VIB設立にあたって、よき参考となった。

　退官を迎えるまで、コレン博士はルーヴェン・カトリック大学細胞分子医学部の学部長などを務め、同大学やVIB、ひいてはフランダースのバイオテクノロジーの発展に貢献してきた。「フランダース政府からの助成金は当初1,500万〜2,000万ユーロであったが、近年は6,000万ユーロに達している。これはVIBが成功している何よりの証しである」と博士は笑みを浮かべる。

　松尾博士をはじめ、日本との共同研究にも多く参画してきたというコレン博士は、「私と松尾博士の後継者たちもよい関係を築いており、次世代が協働して成果を出してくれることを願う」と期待を寄せている。

＊1）コレン教授とともに立ち上げ段階からVIBを支えた“第一世代”の1人に数えられる。38ページ参照（モンタギュー氏の項目を参照）。

VIB　日本人スタッフの研究紹介

 浅岡朋子 氏　Tomoko Asaoka

VIB-UGent　炎症研究部門
VIB-UGent Center for Inflammation Research

💻 http://www.vib.be
Web https://www.irc.ugent.be/

✉ e-Mail　tomoko.asaoka@ugent.vib.be

浅岡朋子 氏

　VIB の炎症研究部門（IRC）の
ポスドク（博士研究員）である浅岡
朋子氏は自己炎症症候群の研究を
している。遺伝子突然変異によっ
て引き起こされる同症候群は発熱
を伴い関節、皮膚、腸、眼、骨な
どの部位に炎症が生じる。治療法
は確立されておらず、同症候群を
発症すると乳児では 3 カ月以内に 30 〜 40％が死亡し、成人でも治
療に 1 年弱の入院を要するというのが現状である。浅岡氏はそのよ
うな状況を鑑み、「発症のメカニズムを発症の予想へ応用し、将来的
には臨床医とも連携して、アプリケーション（応用技術）の開発に結び
つけたい」と話す。

　浅岡氏は同症候群のなかでも NLR[1] 遺伝子の変異によってもたら
されるタイプに焦点を当て、マウスと患者からの検体をもとにした基
礎研究を実施しており、発症メカニズムの解明に努めている。

---

*1)病原体などを認識する NOD 様受容体。
　NOD とは nucleotide-binding oligomerization domain のこと。
　NLR は NOD-like receptor のこと。

　IRC は炎症の研究に特化した世界的にも希な研究機関で、ポスドクなどを加えると約 300 人の研究者が所属する。15 人ほどの主任研究員（PI）全員が炎症に関する研究を実施しており、炎症に係る基礎から実験法に至るまで、あらゆる分野の専門人材がそろっている。浅岡氏は「相談や共同研究の相手が身近にいることは自身の研究にとって非常に有意義だ」と話す。

　さらに浅岡氏は研究者以外の人材を含めた環境の充実性についても IRC を評価する。例えば分析機器などを取り扱う技術者（テクニシャン）も、IRC では炎症に特化している。他の研究機関では、テクニシャンの役割は機器の扱い方などの指導にとどまるが、IRC では炎症に係る分析方法についてもテクニシャンから詳細なアドバイスを得ることができる。また、様々な系統のマウス群が豊富に用意されており、思いついたアイデアを迅速に実験に持ち込める環境が用意されている。

　VIB 全体については、「専門の研究に加え、ソフトスキルに対するプログラムが充実していることもメリットだ」と浅岡氏は指摘する。VIB では主任研究員を目指すにあたって必要な知識や技術を補うプログラムを受講することができ、例えばリーダーシップや技術移転などに焦点を当てたコーチングが実施されている。

　フランダース、さらには欧州で研究をすることの意義も大きい。浅岡氏は「欧州ではコンソーシアムがしっかり確立されていて、最先端の研究者を身近に感じられる」とその意義を説明する。

鈴木郁夫 氏　Ikuo Suzuki　**岩田亮平** 氏　Ryohei Iwata

VIB-KU Leuven　脳・疾患研究センター
VIB-KU Leuven Center for Brain & Disease Research

ピエール・ヴァンデルハーゲン博士　Pierre Vanderhaeghen, Ph.D.

💻 http://www.vib.be
Web https://cbd.vib.be

✉ pierre.vanderhaeghen@
e-Mail kuleuven.vib.be

　脳・疾患研究センター（CBD）では「人間の脳と動物の脳の違いは何か」「さらにはなぜその違いが生じるのか」といった視点をベースに研究が進められている。

　CBD でポスドク（博士研究員）を務める鈴木郁夫氏[1]は神経発生学や進化発生学の視点から研究を行っている。ヒトと他の動物のゲノム情報を比較すると、ヒトにしかない遺伝子が 1,000 個弱存在し、脳をつくる過程でそれら遺伝子が重要な役割を担っていることが分かっている。

　鈴木氏はヒト ES 細胞（胚性幹細胞）を用いて神経細胞の発生を再現した際のスクリーニングにより、重要な役目を持つ遺伝子を絞り込み、2018 年初めにはある遺伝子が脳を大きくする役割を担っていることを発見した。「この発見は、小頭症などの原因解明にも有用だ」と鈴木氏は強調する。また最近は、4 〜 5 人の大学院生らとともにそのほかの遺伝子の解析を実施しており、神経回路や細胞のタイプの割合などヒトの脳の特徴との関連性を明らかにしようとしている。

　同じく CBD のポスドクである岩田亮平氏は、ヒトの脳神経細胞が成熟するまでに他の動物より時間がかかることに着目して研究を進めている。マウスでは 1 〜 2 カ月なのに対してヒトの神経細胞は発生して成熟するまでに 10 年以上の時間がかかる。これはサルなどと比べても圧倒的に長い。

＊1）現 CBD 客員研究員／東京大学大学院理学系研究科生物科学専攻准教授。

鈴木郁夫 氏

岩田亮平 氏

　岩田氏はシングルセル（単一細胞）を用いた *in vitro* の分析によって、ヒトと他の動物の神経細胞を比較し、「なぜそのような特徴があるのか」「どういうメカニズムでそのような特徴が生み出されているのか」を調べており、「その特徴にはメリットとデメリット双方があるはずだ」と推察している。

　一方、神経発生段階は *in vitro* で再現できるが、神経ができた後の機能的なコネクションの再現は困難だ。岩田氏は ES 細胞から分化させた神経細胞をマウスに移植してコネクションをつくらせ、ヒトの神経細胞の評価系として活用している。

　鈴木、岩田両氏が所属するグループでグループリーダーを務めるピエール・ヴァンデルハーゲン博士（Pierre Vanderhaeghen, Ph.D.）は、ES 細胞を大脳皮質へ分化させる技術を確立したことで世界的に知られている。この技術は鈴木氏と岩田氏の研究でも欠かせないものだ。さらに「シングルセルなどのプラットホームを VIB 全体で共有できることも研究環境として素晴らしい」と岩田氏は指摘する。

　海外ならではのコミュニケーションの取りやすさも研究には追い風となっているという。鈴木氏は「役職にとらわれず、ファーストネームで呼び合い、意見を言い合えることは間違いなく研究にとってプラスだ」と話す。ラボでの会話の中心は英語だが、CBD をはじめとして VIB には英語を母国語とする研究員はほとんどいない。「お互い完璧な英語が身についていなくても引け目を感じずに話すことができ、円滑な意思疎通につながっている」と鈴木氏はそのメリットを説明する。

大学紹介

1. ゲント大学　Ghent University

　ゲント大学は 11 学部 79 学科からなり、およそ 4 万 4,000 人の学生と 1 万 500 人のスタッフ（そのうちの 1 割にあたる 1,500 人が教授）を抱える総合大学だ。東フランダース州の州都であるゲント市に 1817 年に設立された。欧州の他の大学と比較すると歴史は浅いが、オランダ語圏のルーヴェン・カトリック大学と並び、ベルギー内で最高水準の大学として知られている。学部とは別に博士研究員のための博士課程スクールもあり、博士課程の学生が学術的なスキルを高め、文化や国際社会に貢献していけるような特別コースが設けられていることも特長だ。

　バイオテクノロジー関連の学部としては、生物工学部と薬学部がある。生物工学部は、農業経済、植物生産、バイオシステム工学、バイオケミカル・微生物技術、食品安全・食品品質、数理モデリング・統計学・バイオインフォマティクス、土壌管理、動物生産、分子バイオテクノロジーなど計 14 の多彩な学科からなる。特にフランダースは植物バイオテクノロジーの誕生地として知られるが、その中心的な役割を果たしたのがゲント大学で、日本の理化学研究所とも交流が深い。日本との関係は古く、西洋医学を日本に伝え、欧州に日本を紹介したシーボルトの多くの植物コレクションがゲント大学植物園に残されている。

　そのほか、アジアとの関わりでは、韓国・ソンド市にもキャンパスを持つ。同キャンパスでは、分子生物学、環境テクノロジー、食物テクノロジーの 3 つのプログラムを展開している。

　また、ゲント市は中世の面影を色濃く残す観光都市であることから、同じく歴史ある町並みが残る石川県金沢市と姉妹都市であり、ゲント大学と金沢大学も姉妹校となっている。大学間交流協定に基づき、交

換留学やジョイントセミナーなどを開催している。

2. ルーヴェン・カトリック大学　Catholic University of Leuven

　ルーヴェン・カトリック大学は 1425 年にローマ教皇マルティヌス 5 世によって創立された大学で、現存するカトリック系大学では最古のものだ。ベルギーでは最高峰の大学として、ゲント大学と双璧をなす。実際に出版実績はフランダースの学術出版物の 40％以上を占め、ビブリオメトリー[1)]の対象となる学術論文の 50％近くを占めるという。

　1985 年に欧州で国際的に高水準と認定された大学間における協力体制づくりを目的に設立された「コインブラ・グループ[2)]」では中核を担うほか、2002 年に結成された欧州研究重点大学の同盟「ヨーロッパ研究大学連盟[3)]」にもベルギーから唯一、加盟している。

　キャンパスは、フラームス・ブラバント州の州都であるルーヴェン市のほか、11 都市に点在している。学生数は約 5 万 8,000 人以上（2018 年現在）、教授をはじめとするスタッフは 2 万 500 人となっている。ルーヴェン市の人口は約 10 万 1,500 人（2019 年 1 月現在）であり、学生の割合が高い。大学側は学生の学習環境や生活の質の整備にも注力しており、学生の代表は大学の各種運営委員会へ参加する権利を持っている。

　学部は人文・社会学系統、理学・工学・技術系統、生物科学系統の 3 分野に大きく分かれている。バイオテクノロジー関連としては、理学・工学・技術系統に生命工学部、生物科学系統に医学部、薬学部がある。なかでも医学部では、欧州の医学界をリードする医療機関の 1 つであるルーヴェン・カトリック大学附属病院と連動した研究が可能と

＊1)論文の被引用数などの分析により、研究者の活動を定量的に評価する指標
　2)欧州における大学連盟の 1 つ。国際的に高水準と認定された大学間における協力体制づくりを目的に1985年に設立された。
　3)LERU。欧州における大学連盟の 1 つ。2002 年に結成された欧州研究重点大学の同盟。

なっている。

　また、フランダース内での連携にも力点を置く。フランダース各地に散在する 12 校の単科大学と共に、Associatie KU Leuven と称する大学連合を形成し、確固たる協力体制をつくっている。同大学連合の学生総数は約 7 万人にのぼり、フランダースの最も大きな教育機関となっている。

　キャンパス内にはマイクロエレクトロニクスやナノテクノロジー分野で欧州最大の研究機関である imec（アイメック）[4]が研究所を構えており、産学連携にも力を入れている。学界と経済界の架け橋となる組織も形成して、大学からのスピンオフ企業も多く輩出している。

3. ブリュッセル自由大学　Free University of Brussels, Vrije Universiteit Brussel : VUB

　ベルギーは、多言語・連邦制国家であり、オランダ語圏のフランダース地域、フランス語圏のワロン地域、両言語を併用するブリュッセル首都圏地域に分かれている。ブリュッセル自由大学（VUB）は、この複雑な構造を反映した大学と言える。

　ブリュッセル自由大学はベルギーの首都であるブリュッセル市内にキャンパスを構える総合大学で、もう 1 つのブリュッセル自由大学（Université libre de Bruxelles：ULB 1834 年創設）から枝分かれした大学である。ブリュッセル自由大学（ULB）ではフランス語が教授言語とされていたが、いくつかの学部では 1935 年の時点で、オランダ語でも授業が行われていた。さらに、1963 年になるとほとんどの学部でオランダ語のコースが設置され、1969 年にはオランダ語の大学VUB として分離し、翌 1970 年には法的にも別々の大学となり、現在に至る。

＊4）マイクロエレクトロニクスやナノテクノロジー分野で欧州最大の研究機関。第 2 章「imec アイメック」（54 ページ）の項を参照。

　VUB の学生数は 1 万 6,374 人（2017 – 2018 年期）で、このうち21.5％以上がベルギー以外の国籍の学生で、国際色が豊かだ。欧州委員会など多くの国際機関があるブリュッセルに位置することも大きく影響しており、研究や教育においても国際化に焦点が当てられている。約 880 人の教授を含むスタッフは約 3,300 人で、国際化のほか、産業界との連携にも力を入れている。

　学部は、医学部と薬学部のほか、バイオテクノロジー関連では、理学・生命工学部を持っている。エッテルベークとジェットの 2 キャンパスがあり、ジェットには附属病院も所有している。医学研究では最先端分野への取り組みが促進されており、附属病院と連携して、がんや再生医療にかかる基礎研究の成果を応用研究、臨床レベルにまでつなげる体制を整えている。

4. アントワープ大学　University of Antwerp

　アントワープ大学は、フランダースでは 3 番目に大規模な大学だ。2 万人を超える学生が在籍し、約 680 人の教授が教鞭を執るほか、約 5,900 人のスタッフが従事している。RUCA、UFSIA、UIA の通称で知られる 3 つの大学が統合して 2003 年に誕生したが、そのルーツは 1852 年にさかのぼる。キャンパスはアントワープ市内の 5 カ所に分かれている。

　応用経済学、応用工学、芸術、デザイン科学、法学、医学・健康科学、医薬品・生物医学・獣医学、社会科学、理学の 9 学部で 30 の学士プログラムを実施しているほか、修士も 25 プログラムあり、英語を使った大学院プログラムも豊富だ。海外からの学生は全体の約19％を占める。海外の多くの大学と戦略的なパートナーシップ関係を結んでおり、大阪大学や上智大学とも大学間協定を結んでいる。

　アントワープは世界有数の貿易港を有しており、工業・商業が盛んな国際都市だ。同大学では産業界との連携を重視した運営を実践しており、創薬・開発、イメージング、感染症、神経科学などのバイオ・

ライフサイエンス研究が盛んである。創薬研究ではアントワープ大学病院と連携して標的分子の探索や候補化合物の創製から、前臨床、臨床応用までをトータルで取り組んでいる。対象疾患もがん、骨疾患、心血管疾患、代謝性疾患と幅広くカバーしている。生体分子に対する画像技術などに焦点を当てたイメージングでも同病院と協業するほか、感染症では、微生物学と免疫学を軸にワクチンや抗生物質の研究を実施している。神経科学では中枢神経や末梢神経の障害、認知症などの多岐にわたる神経変性疾患を対象に遺伝学や生物学、病理などからアプローチを図っている。

5. ハッセルト大学　Hasselt University

　ハッセルト大学はハッセルト市立の総合大学だ。同市はリンブルグ州の州都で、首都ブリュッセルの東約80kmに位置する。1971年に「Limburgs Universitair Centrum (LUC)」として設立され、1973年に公式に大学となった。元来、薬学・歯学と理学の2学部による学士レベルの大学であったが、1991年にリンブルグビジネススクールのカリキュラムが参入して、3学部による修士、博士プログラムを含む大学へと拡大した。

　現在は建築・芸術、ビジネス・経済、薬学・生命科学、工学・科学技術、法、リハビリテーション科学、理学の7学部のほかに4つの研究所と3つの研究センターを有している。バイオテクノロジーに関連する薬学・生命科学部は、薬学科、生物医学科学科からなる。約6,400人の学生と1,300人の研究者およびスタッフで構成され、市立大学として地域でのより良く活発な社会づくりへの貢献を目標に掲げている。

　同大学の教育方針は実にユニークで、学生に書籍やクラスルームの枠を超えた世界をのぞくことを推奨している。視界を広く持つことが、学生の知識や技術の向上に役立つという考え方だ。学問の垣根を越え、革新を起こし、社会に貢献することを奨励しており、同大学は多彩な才能をもった卒業生を輩出している。

チョコレート

　世界で最も洗練されたショコラティエを生み出してきたベルギー。その歴史は数百年前にさかのぼります。特にフランダース地方は、カレボーとピュラトスという世界有数の原料チョコレートの製造元があることから、チョコレートの首都と呼ばれることもあります。ベルギーは、優れた原料チョコレートの歴史ばかりでなく、洗練されたプラリネでも知られています。プラリネは、ブリュッセルで最も高級とされるショッピングアーケード「ギャルリー・サンチュベール」で生まれました。良質の材料が簡単に手に入り、長い歴史があるからこそ、チョコレートの職人技が次の世代へと引き継がれていくのです。

出典：Herman Van Dender's chocolate

5 バイオ産業発展の基礎研究

マルク・ヴァン・モンタギュー博士 Marc Van Montagu, Ph.D.

ゲント大学名誉教授／ VIB 顧問・IPBO 会長
VIB Institute of Plant Biotechnology for Developing Countries
Chairman, International Plant Biotechnology Outreach (IPBO)
Professor Emeritus, Ghent University

💻 http://www.vib.be Web http://ipbo.vib-ugent.be/	✉ marc.vanmontagu@ugent.vib. e-Mail be

　IPBO (International Plant Biotechnology Outreach) は VIB の支援部門の 1 つと位置づけられる。つまり、IPBO 自体では研究活動は行われていない。VIB の研究成果を実際のフィールドで活用できるようにサポートすることが役割で、特にアフリカなどの発展

マルク・ヴァン・モンタギュー 博士

途上国における農業支援への適用に注力している。

　IPBO の活動は 3 つの柱からなる。1 つ目は発展途上国とのコミュニケーションの活性化で、農業、作物、植物に関する意思疎通のための環境整備を担っている。

　2 つ目は教育と指導だ。教育対象には発展途上国の農家から研究者、さらには政策決定者である政治家も含まれる。例えばアフリカでは現在、遺伝子改変により蚊の生殖機能を無効化する実験が進行中だ。アフリカ連合の依頼に応じ、セネガルなどの当局に出向き、政治家や軍人、事務方にその科学的な意義などの説明を行っており、倫理的側面

を含めて政策決定できるよう促している。

　3つ目の柱はそれらに基づくプロジェクト開発だ。これは世界中のパートナーとともに進められており、例えば国際農業研究協議グループ（CGIAR）[1] とも良好な関係を築いている。現在継続中のものとしては、干ばつや気候変動に強いバナナの開発プロジェクトが挙げられる。同プロジェクトはベルギー、スペイン、ケニア、ウガンダの各機関が協働して進めているもので、国を超えた連携のよい例だ。

　2016年末には、これらのプロジェクトを支える基金「マルク＆ノラ ヴァン モンタギュー ファンド」も設立されている。基金の名はIPBOの会長を務めるマルク・ヴァン・モンタギュー博士とノラ夫人の名前に由来する。

　モンタギュー博士は「植物遺伝子工学の祖」として世界的に知られる人物だ。ゲント大学で故ジョゼフ・シェル博士とともに双子葉植物におけるクラウンゴール腫瘍形成の分子機構を解析し、土壌細菌アグロバクテリウムの一種が持つ特定のDNA領域が宿主植物のゲノム内に組み込まれると腫瘍化が起こることを発見した。この発見をもとに博士は、外来遺伝子を植物の細胞へ効率的に組み込むアグロバクテリウム法を確立している。同法を用いることにより、害虫抵抗性植物や除草剤耐性植物などの試作に成功し、遺伝子組み換え作物（GMO）への道を切り開いた。

　1980年代初頭にはシェル博士とともにベンチャー企業「プラント・ジェネティクス・システムズ（PGS）」を創設し、バイエルやBASFなどとともに、遺伝工学による品種改良を加速させた。

　モンタギュー博士の業績と関わりの深いGMOやバイオテクノロジーを中心に、科学的な研究成果を幅広く農業に反映させることにIPBOは主眼を置いている。アフリカではGMOへの期待が大きい一方で、それを扱う法整備は進んでいない。IPBOでは、アフリカ各国の政府に対して、適切な規制づくりを支援し、明確な根拠に基づいたGMOの活用につなげている。

＊1）開発途上国の農業の生産性向上、技術発展を目的とする国際組織。

6 FIT日本事務所の紹介

ベルギー・フランダース政府貿易投資局
(Flanders Investment & Trade：FIT)

ディルク・デルイベル　日本事務所代表
Dirk De Ruyver, Japan Representative

✉ **dirk.deruyver@fitagency.com**
e-Mail

ベン・クルック　テクノロジー ダイレクター
Ben Kloeck, Ph.D., Technology Director

✉ **ben.kloeck@fitagency.com**
e-Mail

💻 **https://www.flandersinvestmentandtrade.com/**
Web

　ベルギー・フランダース政府貿易投資局（FIT）は、海外で事業を展開するフランダース企業と、フランダースで事業拠点の設置や事業拡大を図る外国企業を支援するフランダースの政府機関である。2019年1月時点で世界約90カ所にオフィスを構え、フランダー

ディルク・デルイベル日本事務所代表（左）と
ベン・クルック テクノロジー ダイレクター（右）

スと世界を結ぶ架け橋づくりのためのきめ細かな活動を展開している。フランダースには化学や自動車をはじめ多くの産業分野で日本企業（209社）が進出しているが、こうした国際ビジネスの側面支援にFITが果たしてきた役割は大きい。

　FITは2005年にフランダース政府のFFIO（企業誘致局）とExport

Flanders（貿易振興局）という2つの組織が合併して現在の姿になった。日本でも、1990年代から別々の組織として活動を行っていたオフィスが統合され、現在のFIT日本事務所は東京都千代田区にあるベルギー王国大使館の中に入っている。ディルク・デルイベル日本事務所代表は「日本企業の誘致とベルギーからの輸出サポートの両方の話ができるようになった」と統合のメリットを説明する。

　日本事務所には6人（2019年5月現在）が在籍し、デルイベル代表が全体を統括しているほか、工学博士号を持つベン・クルック氏がテクノロジー ダイレクターとして主にバイオテックや情報技術（IT）分野などの専門性が要求される案件に対応している。バイオ・ライフサイエンスは活動を強化している分野であり、フランダースバイオとの協力による「BioJapan（バイオジャパン）」への出展、バイオセミナーの開催などを定期的に実施している。

　FIT日本事務所の業務はこうしたプロモーション活動を含めて多岐にわたる。フランダースへの事業進出、投資、既存事業の拡大を検討している日本企業に対して財政、技術、事務上で考慮すべきあらゆる問題について、専門的なアドバイスを秘密厳守のうえ無料で提供するほか、ベルギーの会社を買収した企業に対しては、労働組合への対応やリストラの相談に乗ることもある。また国・地方・自治体の最新の経済情報を網羅した包括的なデータベースを持っており、事務所賃貸料、人件費、課税水準などの重要な指標を比較する際に有益な情報を提供できる。

　一方、フランダースの企業が日本でビジネスを展開するためのサポートも重要な任務であり、日本市場の情報収集、市場開拓、日本企業への紹介など、日本－フランダース間のビジネスチャンス創出に努めている。

【ディルク・デルイベル：日本事務所代表】
ベルギーの人口は増加しているものの高齢化が進んでおり、社会的

なコストの増加に対応できる経済基盤を築くためには、付加価値の高い投資が必要になる。ライフサイエンスやバイオテックは産業としての付加価値が高く、将来性も大きいため FIT として重要な分野に位置づけており、企業誘致に力を注いでいる。その対象としては市場の大きな国や成長の高い国にフォーカスしており、大きな市場とハイテク産業が発達している日本も含まれている。しかし、フランダースの中小企業が日本の市場でビジネスをすることは難しい。言葉の壁もあり、彼らの製品が日本の市場で成功できる可能性があるかどうか分からないためだ。

　一方、ライフサイエンス・バイオテック分野においてはフランダースのベンチャーと日本の製薬企業との協力関係には多くの可能性があるだろう。フランダースは医薬品の臨床試験を実施するうえで非常に優位性のある地域である。人口当たりの臨床試験数は欧州でもトップクラスで、相対的に短期間、低コストとなっている。ルーヴェン・カトリック大学、ゲント大学など5大学の病院だけで全体の約7割の臨床試験が行われており、症例集積性も高い。基礎研究の能力も高いため、特に探索的な臨床試験や臨床研究に強みを持っている。こうしたことも日本の化学・製薬企業、ベンチャーへ広く紹介していきたい。

【ベン・クルック：テクノロジー ダイレクター】

　フランダースでは強力な産学連携と政府の支援によりバイオクラスターが急速に発展してきた。近年ではベンチャーキャピタルの存在も大きくなっている。バイオテックの研究開発だけを手掛ける企業は約150社あり、バイオテックの生産拠点を持つ企業は約50社、CRO（医薬品研究開発支援機関）などのサービスプロバイダーも合わせると230社を超える。

　ベルギー企業が日本でバイオテック関連のイベントを行う際には、日本の製薬関連団体や商工会議所と協力して、参加者を集めるだけでなく企業同士のミーティングのためのプログラム作成や、VIB の知

的財産に興味のある日本企業の探索などといった活動も行っている。

　一方で日本の製薬企業がフランダースを訪問するためのセッティングや日本製薬工業協会が企画した使節団がフランダースを視察する際のプログラム作成も行っている。今後もこうした双方向的な産業交流のための活動を広げるとともに、日本の製薬企業が興味を示すような情報を積極的に発信していきたい。

7　フランダース進出に関する支援環境

　研究開発のインフラとしてはVIBのバイオインキュベーターがあるほか、近年では民間不動産開発会社の主導により整備された研究開発施設も増えている。例えば、比較的大きく成長したバイオベンチャーが入居する「アクセレレーター」には民間の投資会社からの資本も入っている。またR＆D設備に対する補助金があるほか、投資コストを早く回収できる「グリーンR＆D」という有利な税制もある。さらに設備だけでなく、中で働く研究者の所得税が割引されるユニークな税務的補助もある。研究開発が命のバイオベンチャーにとって人件費はコストの多くを占めるものであり、利益を出せない期間でも大きなコスト効果を得られるこの制度は人気がある。これら魅力的な支援環境を求めるベンチャーは多く、研究施設の建設は増加傾向にあるという。

8　バイオ産業との異業種コラボレーションの創造

　バイオ産業との異業種コラボレーションの事例としては、世界最大のマイクロエレクトロニクス研究所であるimec[1]とVIBとの連携が最も大きなものとなる。脳を研究するためにはセンサー、すなわち半導体が必要であり、「半導体で人の細胞の反応をいかに捉えるか」というテーマを追究すべく、両者は共同でNERFを設立した。imecはこれまで半導体の基礎研究を主体としていたが、近年はアプリケーション開発へと研究領域を広げており、なかでもライフサイエンス分野への進出を加速させている。

＊1）アントワープでIoTによるスマートシティの実証事業を行っているほか、ライフサイエンス分野ではVIBとの連携により、バイオマーカー、診断キットなどの機器開発に取り組んでいる。第2章「imec アイメック」（54ページ）の項を参照

　こうした動きの背景には IoT 社会の進展がある。フランダース政府は 2019 年から少なくとも 5 年間、毎年 2 億 1,800 万ユーロを IoT ／ AI 分野に投資することを決めており、その適用分野にはヘルスケアが含まれている。これは今後の市場拡大が見込まれる個別化医療に関わる産業を育成する狙いで、この予算の行き先の中心となるのが imec だ。フランダースのバイオテックは元来、バイオマーカーの研究に強味を有しており、IoT 分野における imec と VIB の連携は今後加速する方向性にある。

　上記は半導体からバイオテックへの応用展開の例だが、バイオ産業から他の産業への応用展開としては、医薬品や農薬、化学品などが挙げられる。1970 年代には、ゲント大学のモンタギュー博士が植物遺伝子組替えのシステムを開発し、1980 年代半ばにプラントジェネティックシステム（PGS）という会社を立ち上げた。その研究は現在においても継続されており、その過程で様々なベンチャーが生まれ、外資に買収された例もある。例えばイネの研究を手掛けるクロップデザイン（CropDesign）[2] というバイオテックは日本製紙と共同で木の品種改良に関する研究を行い、デフゲン（Devgen）[3] は住友化学と農薬に関する共同研究を行った。バイオテックにより化学品を作る研究も盛んに取り上げられるテーマの 1 つであり、このように様々な分野へ応用展開が進んでいる。

＊2）クロップデザイン（CropDesign）は2006 年にBASF プラントサイエンスが買収した。
　3）デフゲン（Devgen）は2013 年にシンジェンタ（Syngenta）が買収した。

9　バイオベンチャーを支えるエコシステム

　今日、フランダースには約 300 社以上のバイオベンチャー企業が存在しその活動を行っている。また、その雇用人口は 3 万人以上といわれている。2018 年現在、8,120 億ユーロと試算される世界のバイオテック市場において、欧州は 1,070 億ユーロとされる。このうちベルギーは 241 億ユーロ（欧州市場の 22.5％）を占め、欧州域内では最高位になる。GDP でみるとベルギーは欧州のわずか 3％を占めているに過ぎないが、ベルギーのバイオテッククラスターの価値においては域内トップクラスの存在となっている。

　世界有数のバイオテッククラスターを形成するエコシステムの構成要素としては、5 大学（ゲント大学、ルーヴェン・カトリック大学、アントワープ大学、ブリュッセル自由大学、ハッセルト大学）、VIB、バイオテック企業、フランダースバイオ（クラスター形成推進機関）、投資機関、臨床研究を支える病院群が挙げられる。まず最初の立役者となったのがポール・ヤンセンをはじめとする起業精神旺盛な研究者達であり、次に政府の戦略的投資（VIB、フランダースバイオ）という燃料の投入が研究者達の走りに拍車をかけ、さらにジョンソン・エンド・ジョンソン（J＆J）やグラクソスミスクライン、サノフィなどといった大手製薬企業との連携が世界へ飛躍する道を拓いた。

　このプロセスを辿って成長した典型的なバイオテックベンチャーがティボテックだ。同社はルーヴェン・カトリック大学のある研究室がHIV 治療の化合物を開発すべくヤンセン・ファーマと提携したことにより 1994 年に設立された。後に J＆J からティボテックの開発品が上市された [1]。ティボテック設立に携わったルディ・パウエルス

＊1）ヤンセン・ファーマは1961年に J＆J に買収されたため、ティボテック社も2002 年に J＆J の子会社となった。

氏はその後バイオテック企業であるガラパゴス、およびビオカルティス[2)]を立ち上げている。このようにフランダースでは、バイオテックベンチャーで化合物が開発され、製薬企業に買い取られたベンチャーが成長する一方、残された従業員もまた新たなベンチャーを立ち上げるといったように、バイオテック企業が絶えず生まれている。

　バイオクラスター形成に勢いがつき始めたのは1990年代の後半からであり、その起爆剤となったのが1995年にフランダース政府によって設立されたVIB（Vlaams Instituut voor Biotechnologie：オランダ語）だ。日本では一般的に「フランダースバイオテクノロジー研究機関」という名称が使われている。

　VIBが設立される以前、フランダースの大学はフランダース政府からバイオテック研究予算を得ていたが、政府の役人や政治家にはその予算が有効に活用されているかどうかを判断することができなかった。そこで政府は専門家集団であるVIBを設立し、VIBに研究予算を渡すことにした。VIBと政府の間には5年間の契約期間があり、VIBはその間にネイチャーなどトップサイエンス誌での論文掲載数、特許や起業件数などを指標とした目標を達成しなければならない。

　VIBは政府予算のほかに、研究活動により生み出された知的財産や自ら設立したバイオベンチャーの売却などにより民間企業から収入を得ており、その収入がまた研究予算として投じられる。政府予算は増加傾向にあるが、民間からの収入はそれ以上の増加を示している。海外では特にアメリカからの収入が多い。設立当時にVIBの予算の100％を占めていた政府予算の割合は現在15％程度に下がっており、産業収入が7割を超えるimecと同じ方向性にある。

　潤沢な予算は国内外の優秀な研究者の誘致にも投じられている。こうして研究の質が高まり、技術プラットフォームが強化され、そこか

＊2)現在はフランダースで有数のバイオテック企業の1つへと成長している。第4章「ビオカルティス」(140ページ)の項を参照。

らバイオベンチャーが生まれてライセンス収入が増えていく循環が生まれる。それこそが政府の狙いであり、単なる研究に留めず、経済価値へと昇華させるエンジンとなることがVIBの役目だ。世界的な企業や研究機関とパートナーシップを組むimecとVIBにはパートナー契約料に加えて知識が集まってきており、フランダースのサイエンス力と産業が自然と増大していくエコノミーシステムであるともいえる。

　一方、もう1つのエンジンであるフランダースバイオの役割は、VIBによって生み出されたバイオベンチャーを発展させることにある。バイオベンチャーの多くは最初の数年間に利益を出せない。その間の運転資金を確保し支援することが大きな役割の1つとなっている。近年では国際投資家のバイオベンチャーに対する関心が高まっており、2010年に10億ユーロだった投資額が2017年には70億ユーロにまで伸びている。なかでもアメリカからの投資比率が上昇しているという。20年前にはわずか2、3しか存在しなかったフランダースのバイオベンチャーファンドは現在では14に増えている。

　またフランダースバイオは投資ファンドや知的財産に特化した法律事務所、人材や研究施設（バイオインキュベーター）の斡旋、顧客となる企業、ベンチャー企業同士の交流など、バイオテック企業が事業を行うにあたって必要なすべての項目について相談に乗ることができる。域外の企業が欧州に進出する際にはこうしたエコシステムとのつながりが不可欠であり、フランダースバイオは海外からの進出企業にとっても非常に大事なアンカーの役割を担っている。ちなみに日本からはヤクルト本社がバイオインキュベーターに入居している。小規模な研究施設が必要な際にはバイオインキュベーターは最適な選択肢となる。

　ベルギー・フランダース政府貿易投資局（FIT）は、フランダースバイオとの協力により毎年開催されるBioJapanへの出展やバイオセミナーを開催するなど、フランダースのバイオベンチャーの国際化をサポートしている。

10　フランダースに進出した日本企業

ヤクルト本社

　ヤクルト本社は、プロバイオティクスのパイオニアとして、ライフサイエンスを基盤とした独自の研究成果を「ヤクルト」などの製品として世に送り出してきた。

　ヤクルトの創始者であり医学博士である代田 稔氏は、病気にかからない「予防医学」が重要と考え、良い菌（乳酸菌）を使い、悪い菌（病原菌）を抑えるという発想の元に研究を続け、生きて腸まで届く乳酸菌の強化培養に成功した。代田は「予防医学」とともに、腸を丈夫にすることが長生きにつながる「健腸長寿」、乳酸菌を「誰もが手に入れられる価格で」提供するという3つの考え「代田イズム」を提唱し事業を始めた。

南野昌信 常務執行役員

　その「代田イズム」を実践するための研究施設として、1935年福岡市に代田保護菌研究所、そして研究内容の拡大に伴い、1955年京都市に代田研究所を設立、1967年国立市（東京都）に移転し（現中央研究所）、乳酸菌の有効性を追究した。

　一方、「ヤクルト」の販路も拡大し、1964年台湾へ初の海外進出を果たした。欧州では、1994年オランダで事業を開始した。「欧州は、科学が発展していることもあり、プロバイオティ

ヤクルト本社ヨーロッパ研究所（YHER）

クスに対して、科学的根拠を求め、乳酸菌が体に良いこと（根拠）を証明する必要がある」（南野昌信常務執行役員・中央研究所副所長）と欧州における「ヤクルト」普及の苦労を語る。

ベルギーで販売されている「ヤクルト」

欧州の人たちに、「ヤクルト」の有効性を示すためには現地で研究を行うことが必要であり、2005年ベルギー王国のゲント市にある VIB[1] のバイオインキュベーター施設内に「ヤクルト本社ヨーロッパ研究所（YHER[2]）」を設立した。

YIIER は、ヤクルト本社の付属機関ではなく、独立した組織であり、営利目的ではなく、欧州での研究基盤の確立を目的としている。構成人員は、ヤクルト本社からの出向者4名と現地採用社員の2名だが、「出向者の交代により研究には常に新しい考えが注がれ、少人数ながら充実している」（南野氏）。

研究目的は2つにフォーカスされている。ヨーロッパ人の腸内フローラの解析とプロバイオティクス製品のヨーロッパ人に対する有効性の検証である。

最近では、基礎研究として日本人とベルギー人の腸内フローラの比較や、バックアップ研究においては、ヨーロッパ人が「ヤクルト」を飲用することで、L. カゼイ・シロタ株が生きて腸内に到達することなどのデータを取得し、スイスのヘルスクレーム表示許可申請データとして

ヤクルト本社中央研究所

＊1）フランダースバイオテクロノジー研究機関

2）Yakult Honsha European Research Center for Microbiology, ESV

使用している。

　また、現地の研究者やゲント大学などと情報交換や共同研究などを行うことでヤクルトの研究活動のプレゼンスを高め、信頼を得ることで「ヤクルト」の顧客獲得につなげている

　研究以外にも様々な事業活動を行っている。例えば、国際シンポジウムへの協力や地域イベントへの参加による一般市民向けの啓発活動などがある。

　ヤクルト本社の研究拠点である日本の中央研究所と独立した法人のYHERが中核となって、各地域の事業所のサイエンス担当者が現地の研究者と情報交換をし、両研究所と連携しながら必要な研究をそれぞれの研究者が行うワールドワイドな研究開発体制を敷いている。

　今後は、各国で蓄積した腸内細菌に関するビッグデータを統合・活用し、ヤクルトしかできない視点で研究を行っていく。

　例えば、個人の体質に応じた治療・薬を提供するテーラーメイド医療にプロバイオティクスを応用する。これまでは経験を重視してプロバイオティクスを選んでいたが、今後は各人の腸内フローラの違いに基づいてプロバイオティクスを選べる研究につなげていく。

　「日本人の平均寿命は延びているが、亡くなる前の数年間は、多くの場合、誰かの世話にならなければいけない。亡くなる直前まで元気でいられるようにプロバイオティクスを役立てることを追究していくことがヤクルトの使命である」（南野氏）と予防医学の普及と発展のため、研究活動のあくなき取り組みを続けていく。

第2章

フランダースの
研究機関紹介
(Organisations)

アイメック

imec

ペーター・ピューマンス　ヴァイスプレジデント、ライフサイエンステクノロジー担当
Peter Peumans, Senior Vice President, Life Science Technologies

✉ **e-Mail** peter.peumans@imec.be

カトリン・マレント　ヴァイスプレジデント、企業、マーケティング、アウトリーチコミュニケーション担当
Katrien Marent, Vice President, Corporate, Marketing & Outreach Communications

✉ **e-Mail** katrien.marent@imec.be

💻 **Web** https://www.imec-int.com/en/lifesciences

　imec は 1984 年、ベルギー半導体産業発展の要となるべくフランダース政府により設立された独立系の研究機関である。半導体チップ開発が強みであり、同機関が発表する技術ロードマップは半導体開発の指針とされている。高い専門性と充実した研究開発施設を強みとしており、世界最大のマイクロエレクトロニクス研究センターとしての地位を確立している。

　90 を超える国籍にわたる 4,000 人以上の研究者を擁し、最先端のチップ技術プロセスに関する研究を維持するために、クリーンルームのインフラへの投資が継続されている。チップクリーンルーム施設に投じられる資金は 20 億ユーロにものぼる。拠点として、ベルギーに研究開発施設を有するほか、オランダ、台湾、米国で多数のフランダースの大学に研究開発グループを配置し、また中国、インド、日本ではオフィスを設置している。imec 本部ではセンサー向け 200mm ウエハの試作ラインとサブ 10nm CMOS 向け 300mm ウエハの試作ラインが確立された。

　imec は共同研究、技術移転・ライセンシングのほか、同機関が運営する教育機関「imec adacemy」でのトレーニング、産学連携など多様なソリューションサービスを提供している。これまでに輩出した

スピンオフは 40 社あり、このうちのいくつかには同機関の投資基金が出資されている。インキュベーションプログラムもあり、既に 100以上のスタートアップをサポートしている。

　半導体業界では開発の自前主義が定着していたが、長引く景気低迷により多くの企業は研究費用を投下し続けることが困難になっている。こうしたなか、imec が推進する「オープン・イノベーション」型研究は、研究開発を効率化する手段として注目を集めるようになった。常に業界のトップランナーと組むことで知が知を呼び、imec に蓄積される知識は天文学的に増大していく。世界の大手電機メーカーや半導体メーカー、研究機関がこぞって imec との提携を求める理由がここにある。

　imec は設立以来、右肩上がりの成長を続けており、2018 年の売上高は 5 億 8,300 万ユーロと過去最高を更新した。このうちの 7 割を企業からの受託プログラムが占め、残る 2 割はフランダース政府からの補助金、1 割は欧州やフランダース州関連のプログラムという内訳になっており、収入の多くは産業との提携によって得られている。日本ではパナソニック、ソニー、カネカ、東北大学、その他いくつかの企業や大学などが imec とパートナーシップを結んでいる。

　imec が取り組むテーマは、コアコンピタンスである微細化技術を用いて世の中に破壊的インパクトを与える事業を興すことである。例えば従来は大がかりな実験装置が必要だった血液分析のような臨床分析作業が、チップの技術を利用することによってコストが大幅に下がる現象だ。imec はムーアの法則[1]を追究するためにチップ技術の研究に軸足を置くところから始め、IoT 社会の到来に備えて、いくつかの応用分野で技術ソリューションを可能にする研究領域を拡大した。今後の成長市場をスマートヘルス（ライフサイエンスなど）、スマート

＊1）半導体の集積率が、18 カ月ごとに 2 倍になることをうたったゴードン・ムーア（インテル社）の経験則。

モビリティ（自動運転など）、スマートシティ（交通量最適化など）、スマートインダストリー（工場 IoT 化やドローンなど）、スマートエネルギー（固体蓄電池など）、スマートインフォテインメント（AR、VR、ホノグラフィー）など、いくつかの応用分野に分類し、半導体・システムなどのハード技術、人口知能やコネクティビティ技術などのソフト技術を用いて各領域で微細化により得られるメリットを実現していく。

　診断の2つをアプリケーションの柱に定め、CMOS テクノロジーを用いた医療関連機器の開発を独自あるいは共同研究により進めている。ライフサイエンスの研究や診断のために、imec スマートヘルス領域では 2011 年に初の産業提携が実現している。コネクティッドヘルスとポイントオブケアが開発している主なものを以下に示す。

・数分以内に 10 万以上のバイオマーカーを検知できるチップベースの高性能バイオセンシング
・数分以内の分子診断試験のためのマイクロ PCR（DNA ポメラーゼ連鎖反応）
・1 分間に数百万の細胞を分類できる高速性能セルソーター
・簡単な操作で何千もの神経間電気信号を記録できる低人体負荷型インプラント
・生命活動を阻害しないチップオンバイオフォトニクス

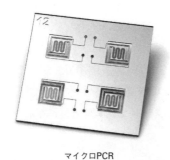

マイクロPCR

高速性能セルソーター

低人体負荷型インプラント　　　　　チップオンバイオフォトニクス

　近年、がん治療で最も注目されている CAR-T 細胞療法[2]などに使用される免疫細胞の同定に関する研究が始まっている。もし細胞の選別速度が半導体の力によって増すことができれば、高価な処理費用を減らすことが期待できる。

　また imec では、デバイスメーカーに対し、チップ技術と設計の専門知識を用いたウェラブルデバイスの開発支援も行う。試作例としては、ユーザーの腕から複数のパラメーターを監視することができるワイヤレスバンド「チルバンド」、また心電図や呼吸回数と深さ、動きを正確に測定する imec の試作品「ヘルスパッチ」があり、これらすべてのバイオメトリック信号は超低消費電力である。imec の技術は既に産業用に使われているウェアラブルに展開されている。さらに心理学者や栄養学者などの専門家と連携し、imec は予防医療のための仮想パーソナルヘルスコーチ (VPHC) の開発にも取り組んでおり、ストレスマネジメント、ダイエット、禁煙、不眠症などへの臨床適用がロードマップに含まれている。

───────────────

*2)がん治療で注目を集めている。第4章「エテルナ・イミュノセラピーズ」(144 ページ)の項を参照。

NERF　ニューロエレクトロニクス研究フランダース
NeuroElectronics Research Flanders

竹岡　彩 博士　グループリーダー
Aya Takeoka, Ph.D., Group Leader

✉ aya.takeoka@nerf.be
e-Mail

ファビアン・クロスターマン博士　グループリーダー
Fabian Kloosterman, Ph.D., Group Leader

✉ fabian.kloosterman@nerf.be
e-Mail

🖥 https://www.nerf.be/
Web

　ニューロエレクトロニクス研究フランダース (NeuroElectronics Research Flanders；NERF) は VIB、ルーヴェン・カトリック大学、imec によって 2009 年に開設された。フランダース政府のサポートのもと、NERF では基礎的なシステムズニューロサイエンス (システム神経科学) にかかる命題を扱っている。6 研究室で 34 人の研究者を擁し、その 76％ がベルギー以外の国籍者となっており、国際色が豊かな研究機関だ。

　研究では神経科学と神経学のコンビネーションおよび学域を越えたコラボレーションを重視している。神経学は現在、様々な学域の知見を必要としている。分子生物学および細胞生物学、遺伝学、イメージング、生理学などの知見はかねてより脳研究に有効利用されてきたが、現在はさらに分野が広がりつつある。

　NERF は最大の命題として、神経細胞が統合してニューラルネットワークを形成したときに脳や脊髄のどの部分がどのような働きを発揮するかを明らかにしようとしている。言い換えれば神経系のマッピングについての新たな見識の探索だ。そのためにまずは、精神機能や記憶に関する理論に必要なエビデンスの収集に当たっている。そして、研究で得た見識を臨床現場での診療や診断の応用技術としていくこと

も NERF の目的だ。

　研究や臨床応用で要となるのが imec との協業だ。1984 年にフランダース政府によって設立された imec はマイクロエレクトロニクス分野の研究機関だ。NERF はルーヴェン市内の imec 本部が入る建物にラボを構えており、近い距離感で imec の知見をニューロテクノロジー分野で応用することができる。

　「ニューロピクセル」はそのよい例と言える。米国のハワード・ヒューズ医学研究所（HHMI）などが手がけた同機器を用いれば、一度に 1,000 の細胞からニューロン活動情報を収集できる。ちなみに同機器のエレクロード（電極）は imec が開発している。NERF は同機器を使用できる世界でも数少ない機関の 1 つだ。

　NERF は世界でも最先端の治療を行う附属病院を持つルーヴェン・カトリック大学（VIB のコアファシリティの 1 つ）とも協業している。NERF は、VIB、imec、ルーヴェン・カトリック大学の 3 つが融合した脳研究の一大拠点といえる。

レッグメッド

RegMed

ヤン・スクローテン　コーディネーター
Jan Schrooten, Coordinator

✉ e-Mail jan.schrooten@antleron.com

💻 https://www.regmed.be
Web https://s3platform.jrc.ec.europa.eu/personalised-medicine

　持続可能な医療への道は複雑で
はあるが、フランダースには医療
機関、研究機関、企業などの拠点
があり、治療薬、再生薬、予防薬
など、より個別化された薬の開発、
普及を進めている。

　フランダースとその周辺は、再
生医療の研究、翻訳、工業化、普
及、臨床実施において、重要なス

ヤン・スクローテン氏

テークホルダーが集まるなど、再生医療のホットスポットとして主導
的な役割を果たしている。なかでもレッグメッドはその地域コミュニ
ティを繋ぐプラットフォームとして設立された。ここ数年にわたり、
レッグメッドはコミュニティメンバーによる実践的なイノベーション
活動を支援し、国際的に認知され、国境をも越えたサポート基盤へと
進化した。

　レッグメッドは、地域の人材を活用し、再生医療において臨床応用
や社会に経済的還元ができる共同創造プロジェクトなどを実際の業界
に導くことができる、主要な官民コミュニティの成長をサポートして
いる。実際にレッグメッドは地域を越えたステークホルダーを集めて、
複数のステークホルダーの共同創造を通じてバリューチェーン全体の
議論とプロジェクトの開始を後押し、一般に向けた普及の促進を行っ

ている。

　企業、研究者や学者、病院をはじめとする医療機関、研究機関、地方政府、患者などが、一般社会や地域などで触れ合う機会が増えることにより、地域イノベーションが促進され、普及、価値化および運動リハビリテーションに貢献する。そのようなことが実現できれば、地域を越えた創造力と再生－個別化された医療コミュニティが構築できる可能性が見えてくる。このようにフランダース地域は再生医療、個別化医療の推進力をもっており、地域間のホットスポットになっている。

　そのようなことから、フランダースがもつ学際的なノウハウ、すなわちナノテクノロジー間の相互受精（デバイスを小型化する方法と低コストで大量生産する方法）、マイクロ流体力学、生体外診断、バイオテクノロジーマーカー、生物検定と細胞相互作用、バイオインフォマティクス（生命情報科学）データ分析、単一細胞診断、3Dプリンティングを用いて、最終的には組織工学と再生医療が現実のものとなる。

　将来的には、これらの診断デバイスに生細胞構造を加えることにより、新しい機能を追加できる。生細胞の（再）生成、生細胞構造を構築するための高度な3Dプリンティング技術、およびそれらを半導体構造に接続することにより、相互受精は生細胞または組織に対する医薬品の毒性を試験するための新しい方法論を見出せる。そして、その次には新しい移植可能な組織構造、そして最終的には臓器を生成することも可能になる。

　生物学、テクノロジー、データの融合により、ヘルスケアの革新の波が生まれている。Lab-on-a-chip（LoC）の商業的成熟、単一細胞技術の市場参入、および生体機能チップと組織製造の出現は、すべて個別化された再生医療と持続可能なヘルスケアを強化するための融合された技術革新である。

　したがって、フランダースは、再生医療および個別化医療の先駆的なホットスポットとして国際的なステークホルダーに対し、エンジニ

アリングテクノロジー、バイオテクノロジー、再生医療の技術革新などの融合、議論を活性化させる場を提供している。とりわけレッグメッドの役割は、異なる学際的な分野で活躍するステークホルダーを集めて、バリューチェーン全体の共同創造プロジェクトを推進し、斬新かつ個別化された再生医療ソリューションに向けたイノベーションプロセスを加速することである。

第3章

アカデミアの
研究者紹介
（Academia）

)))) ペーター・ヴァンデンアベーレ博士 Peter Vandenabeele, Ph.D.

ゲント大学教授／VIB-UGent　炎症研究部門　グループリーダー
VIB-UGent Center for Inflammation Research, Group Leader

💻 http://www.vib.be
Web https://www.irc.ugent.be/

✉ Peter.Vandenabeele@ugent.
e-Mail vib.be

ペーター・ヴァンデンアベーレ博士

　ペーター・ヴァンデンアベーレ博士は細胞死に焦点を当てた研究を進めている。ヒトの体内では1分間に100万単位の細胞が死んでいく一方で、同時に新たな細胞の産生による再生も行われている。うまくバランスをとることで、生理状態などが常に一定範囲内に調整され、恒常性が保たれている。これを「ホメオスタシス」というが、病気になるとそのバランスは崩れる。博士は「ここ20年の間に、この細胞死と産生のバランスについての、分子レベルでの研究が飛躍的に発展している」と話す。

　細胞死が多くなると、リウマチなど炎症を伴う疾患を引き起こすことが多い。そもそも炎症は、生体の恒常性を維持しようとする反応であり、ホメオスタシスと密接に関わっている。ヴァンデンアベーレ博士は分子レベルで細胞死のメカニズムを研究しており、サイトカイン、ケモカインなど[1]にも注目している。細胞死をコントロールすることで、炎症を伴う疾患の治療法を開発しようと努めている。

　細胞死にはいくつかの種類がある。博士は一般的によく知られているアポトーシスを「静かなる死」と表現する。DNAによってプログラムされたアポトーシスは免疫抵抗を伴わない。白血球の一種であるマ

＊1）細胞から分泌される細胞間相互作用に関連する生理活性物質。

クロファージが、死んだ細胞やその破片を捕食して消化するからだ。

　一方で、DNA のプログラムをブロッキングして起こる細胞死もある。その場合には、細胞が膨張して破裂し、中身が放出される。ダメージに対応してサイトカイン、ケモカインなどが大量に産生され、それらがネガティヴな免疫システムを刺激して炎症の原因となる。

　ヴァンデンアベーレ博士は、免疫システムを刺激する細胞死のうち「ネクロプトーシス」のメカニズムを追求しており、「MLKL[2]」と呼ばれるタンパク質が、粘膜に穴を空けて細胞の破裂を引き起こすことなどを突き止めている。現在、このメカニズムなどに基づいた治療薬の開発が進められており、英グラクソ・スミスクライン（GSK）などがリウマチ、ソリアシス（乾癬）、クローン病などを対象に臨床試験を行っている。現状これらの疾患には腫瘍壊死因子である TNF[3] の阻害薬が用いられているが、博士は「新たな治療の選択肢として期待できる」と話す。

　ヴァンデンアベーレ博士はがん治療に対しても、自身の研究を生かそうとしている。多くのがんが免疫系統に関連していることを念頭に、ネクロプトーシスの原理を用いることで免疫系統を刺激しようと考えている。つまり、ネクロプトーシスにがん細胞に対抗する役割を担わせようというのである。

　加えて、ヴァンデンアベーレ博士が近年、注目しているのが 2012 年に発見された細胞死の１つである「フェロトーシス」だ。フェロトーシスは、鉄依存的な活性酸素種の発生と過酸化した脂質の蓄積によって誘導される。そのメカニズムを応用してがん細胞で過剰となっているフリーの２価鉄イオンを減らせれば、がんを死滅させることができる。特に小児の神経芽細胞腫への応用で研究が進められている。

─────────────

＊2）MLKL：Mixed lineage kinase domain-like、プロテインキナーゼ様ドメインを有するいわゆる偽キナーゼ（pseudokinase）。

　3）TNF：Tumor necrosis factor、サイトカイン（細胞間の情報を伝達する物質）の一種で、不要な細胞を排除するほか、感染防御・抗腫瘍作用を持つ物質。

ディルク・エレバウト博士　Dirk Elewaut, Ph.D.

ゲント大学教授／VIB-UGent　炎症研究部門　グループリーダー
VIB-UGent Center for Inflammation Research, Group Leader

Web http://www.vib.be
https://www.irc.ugent.be/

e-Mail dirk.elewaut@ugent.vib.be

ディルク・エレバウト博士

　炎症研究部門に所属するディルク・エレバウト博士は、ラボでの研究を進める一方で臨床の現場にも立つ。「周りから無謀だと言われることもあるが、臨床的な課題をラボに持ち込めるメリットは大きい」と話す。博士が扱うのはリウマチ系疾患で、なかでも関節リウマチが中心だ[1]。

　関節痛には炎症性と非炎症性が存在するが、基本的な原理は同じで、老化などにより、軟骨のクッション機能が失われることが原因となり痛みが引き起こされる。関節リウマチは炎症性自己免疫疾患の1つで、自己の免疫が主に手足の関節を侵すことにより痛みや変形が生じる代表的な膠原病である。

　エレバウト博士の研究の目的は大きく分けて2つあり、炎症の原因および回復過程の解明と、炎症の全身的側面の解明である。

　関節炎の炎症メカニズムは体の構造に深く関係しており、特定の部位でのみ発生する。外部からの力がトリガーとなり発症するものであり、物理的な力によるところが大きいと推察される。実際に免疫を関節に意図的に注入したマウスでも、関節に物理的な負荷をかけない限

---

*1)現在、ベルギー国民の3〜5%が関節リウマチに罹患していると考えられている。
　　ちなみに日本の患者数は70万〜80万人と推定されている。

り、炎症は起こらない。一方、関節炎患者の患部には顕微鏡でしか見ることのできない細かな損傷があり、運動することにより、さらに炎症が起こる。この点を鑑みて、エレバウト博士は関節を動かす腱と軟骨に注目し骨免疫学の立場から考察を続け、回復の経路を明らかにしようと試みている。

また通常、関節炎は左右対称に起こるが、脳性麻痺にかかると、麻痺した側は発症しない。これは炎症の発症メカニズムに脳が関連していることを示している。エレバウト博士は患者から採取した腱などの検体を健常者のものと比較するほか、マウスを用いた対照実験で遺伝子発現の差異を確認することにより、分子的な経路の解明に挑んでいる。

関節炎は、別の部位に炎症を引き起こすことがあり、例えば腸で発現することが知られている。関節は本来、無菌状態だが、生体バリアが破綻すると無菌なところに菌が入る可能性がある。そうして免疫が活性化すれば、炎症が起こりうる。エレバウト博士はこのメカニズムの解明には「感染菌、免疫、腸内細菌の観点からのアプローチが必要だ」と説明する。

臨床での課題としては、患者によって効果的な治療法（薬剤）が異なることが挙げられる。「個々の患者の間質細胞（ストローマ）、白血球を分析することで判断できるのでは」と博士は考えている。

関節リウマチの治療法としてはサイトカインブロックと細胞機能の抑制の 2 つが挙げられる。前者は腫瘍壊死因子である TNF[2] の阻害薬を用いるものであり、後者は Th17 細胞の増加を抑えるものである。この後者について、エレバウト博士は最近、新たな発見をしている。これまで T 細胞が作っていると考えられてきた Th17 細胞を産生する新たな細胞を発見したのだ。「この新たな細胞をバイオマーカーとして用いれば、適切な治療法を患者に早期提供するための突破口になるかもしれない」と博士は期待を寄せている。

＊2）65 ページ 3）参照

ワウト・ブールヤン博士　Wout Boerjan, Ph.D.

ゲント大学教授／ VIB-UGent　植物システム生物学部門　グループリーダー
VIB-UGent Department of Plant Systems Biology, Group Leader

Web　http://www.vib.be
https://www.psb.ugent.be/

e-Mail　wout.boerjan@ugent.vib.be

ワウト・ブールヤン博士

　木材から紙を作り出す際には、植物細胞の二次壁部分に存在するセルロース（樹木を支える役割を担う）を取り出さなくてはならない。また、芳香族高分子化合物であるリグニンという物質が、細胞壁内および細胞壁間に沈殿して細胞同士を癒着させる働きをしており、セルロースを抽出するにあたってはこのリグニンを取り除く必要がある。リグニンを除去せずに作った紙は日光の照射や時間の経過により黄ばんでしまうが、リグニンをしっかりと除去した高級紙は劣化しない。

　地球温暖化や世界的な気候変動が問題化しているなか、植物由来品は石油代替としても注目を集めており、バイオプラスチックや燃料（バイオエタノールなど）の実用化が進んでいる。

　バイオプラスチックやバイオエタノールを作り出す際には、セルロースと同じく二次壁部分に存在する複合多糖であるヘミセルロースから単糖を精製するのだが、その際にもリグニンの除去は重要となる。

　脱リグニン処理は現状、化学物質や熱を加える蒸解などの手法で行われている場合が多いが、コストが課題になっている。プロセス全般にかかる費用や消費する燃料は、バイオプラスチックやバイオエタノールの製品化や実用化の高い壁となっており、実用化を目指す企業はより効率的な脱リグニン処理法を模索している。

　ワウト・ブールヤン博士の研究はその課題に対して画期的な解消策

068 ┃ 第3章　アカデミアの研究者紹介（Academia）

を提案するものだ。ブールヤン博士は分子遺伝学の手法を用いて、樹木が含むリグニンを低減させる研究をしている。つまり、もともとリグニンが少ない樹木を作製して、単糖精製にかかる化学的な処理コストを軽減しようというのである。

　ブールヤン博士は実験用植物（シロイヌナズナ）を用いて、メタボリズム（新陳代謝）の観点などから、どの遺伝子がリグニンの産生に関与しているかを解明し、その遺伝子をノックアウトすることで、通常の50％しかリグニンを含まない遺伝子改変植物の作製に成功している。「この植物を用いれば、従来の4倍の効率でグルコースなどの単糖を精製することができる」と語っており、今後はより実用的なポプラでの応用を進めていく方針だ。

　一方、研究には難題も残されている。リグニンを半分に抑えることには成功したが、この遺伝子改変を行うと植物の背丈が小さくなってしまうのだ。「なぜリグニンが少なくなると発育しないのか。戦略を立てて解明していく必要がある」とブールヤン博士は話す。

　植物の維管束（水分や養分の通路）は、小さな師管と大きな道管で構成されている。ブールヤン博士は、リグニンが半分になると根から水を運ぶ道管の細胞が崩壊してしまい成長を妨げているのではないかと推測しており、ノックアウトした遺伝子を道管のみに戻すという遺伝子操作が崩壊防止に有効ではないかと考えている。「道管にあるリグニンは全体から見ると少量なので、師管のリグニンを半分に抑えることで十分に脱リグニン処理の低コスト化に貢献できる」と期待を示している。

アラン・ホーセンス博士　Alain Goossens, Ph.D.

ゲント大学教授／ VIB-UGent　植物システム生物学部門　グループリーダー
VIB-UGent Department of Plant Systems Biology, Group Leader

http://www.vib.be
Web https://www.psb.ugent.be/

e-Mail alain.goossens@ugent.vib.be

　植物界の代謝産物は幅広く、20万種にのぼる化学物質があると言われており、様々な用途において有用なものがある。例えば医薬品用途では、米ブリストル・マイヤーズ スクイブ（BMS）が扱うタキソール（一般名・パクリタキセル）が挙げられる。肺がん、卵巣がん、乳

アラン・ホーセンス博士

がん、頭頸部がん、進行性カポジ肉腫の治療薬で、これはタイヘイヨウイチイの樹皮に由来する。また、抗マラリア活性を有するアルテミシニン[1] は、ヨモギ属の植物であるクソニンジンから分離されるものである。

　アラン・ホーセンス博士の専門は植物メタボロミクス[2] 研究で、植物が特定の化合物をどのように生成しているのかを調べている。「そのメカニズムが判明すれば、植物に安定的に有用な化合物をつくらせることが可能だ」と博士は自身の研究の意義を強調する。

　化学合成により植物由来の医薬品を生成することも、もちろん可能ではある。しかし、植物由来の医薬品は複雑な構造をした化合物が多く、「化学合成よりも、大量にそれらの化合物を生成できる植物を用いる方が、製薬企業にとって効率的だ」と博士は主張する。

＊1）同物質を発見した屠呦呦氏は 2015 年のノーベル生理学・医学賞を受賞している。
　2）代謝物質を網羅的に解析すること。

実際にホーセンス博士は分析だけにとどまらず、とある製薬企業に協力しており、特定の化合物を生み出すように代謝を向上させた植物を提供している。「医薬品に限らず植物由来の食品香料（フレーバー）や香粧品香料（フレグランス）の生産力向上にも役立つ」と博士は説明する。

目的化合物の生成量を増加させるために行われるのが、ストレスの付与である。植物は特定の刺激を受けると分子の動きを活発化させる。自然界ではバクテリアやニオイなど特定の攻撃（刺激）に対して防御プログラムを発動する。その過程でホルモンなどを放出することが、化合物の生成につながっている。そのメカニズムを特定できれば、目的化合物の生成に必要な刺激を判断でき、研究での応用も可能となる。

ホーセンス博士は遺伝子レベルでの検証により、植物の成長を阻害せず、かつ目的の化合物を多く生成できる適正なストレスを模索しており、既にタキソール、アルテミシニンで応用している。加えて、同じアプローチを用いて、マダガスカル原産のニチニチソウから単離される抗悪性腫瘍剤（抗がん剤）の一種であるビンブラスチンの生産量を増加させることにも成功している。

一方、製薬生産現場での実用化に向けて高い壁となっているのがコストだ。国によっては、植物へのストレス付与を行うと、医薬品の承認当局から安全性などの臨床試験の再実施が要求される場合があり、「多くの製薬企業は、既存薬への同手法の導入についてはコスト面で否定的だ」とホーセンス博士は嘆く。

ニコ・カレワールト博士　Nico Callewaert, Ph.D.

ゲント大学教授／VIB-UGent　医用生体工学部門　サイエンス・ダイレクター
VIB-UGent Center for Medical Biotechnology, Science Director

Web http://www.vib.be
http://mbc.vib-ugent.be

e-Mail nico.callewaert@ugent.vib.be

　VIB の医用生体工学部門では、バイオテクノロジーの医療での応用に主眼を置いており、特定の疾患に集中することなく幅広く技術開発を進めている。

　「15 年間の研究成果がいよいよ実を結ぼうとしている」と話すのは同部門でグループリーダーを務

ニコ・カレワールト博士

めるニコ・カレワールト博士だ。開発を進めていた慢性的な肝臓疾患に対する新たな診断方法が、2019 年 3 月にまずは英国で臨床導入されようとしている。糖タンパク質の糖鎖をバイオマーカーとすることで、肝臓がんの発症を防ごうというものだ。

　英国でヘレナ・バイオサイエンス（Helena Biosciences）と提携しているほか、米国・中国ではパートナー企業と連携のもとで、承認取得、販売を目指している。日本でも現在、パートナーを探しているところである。カレワールト博士は「人口構成が各国・地域では異なるため、現地企業との連携は欠かせない」と説明する。

　カレワールト博士はこれまで、バイオ医薬品の機能性の向上にも取り組んできた。バイオ医薬品の約 80％を占める糖タンパク質の薬効はタンパク質本体にあり、糖鎖はそれを守る働きをしている。博士はタンパク質部分を変えずに糖鎖の構造のみを改変することで、そのバイオ医薬品がターゲットとする組織、器官へ届きやすくした。言わば、糖鎖をドラッグ・デリバリー・システム（DDS）として活用したので

ある。

この研究成果をもとに 2008 年に設立したスピンオフ企業「オキシレン (Oxyrane)」では、特定の遺伝子疾患にむけてこの DDS の知見を活用している。その他の疾患についても、同知見を応用し商業化するスピンオフ企業を今後 2 〜 3 年中に 2 つほど設立する予定だ。「疾患によって必要な知識や技術は大きく異なる。よってその疾患に精通した人材が必要であり、別会社の設立が必要だ」とカレワールト博士は説明する。

経口投与の抗体医薬品に係る技術についても、スピンオフ企業の設立を視野に入れている。通常、抗体医薬品を構成するタンパク質は胃の中で分解されてしまうが、博士は同じく糖鎖の構造を改変することで、胃で分解されないようにする技術を確立している。

同技術はセリアック病やクローン病など消化器系炎症疾患に特に有効と考えられており、既にブタを用いた動物実験に成功している。外部企業からの投資を模索するなど、臨床導入を目指しており、「化学療法をはじめ、様々な疾患でも活用できる」と博士は期待を込める。

さらに、カレワールト博士は同じ手法を用いて、バイオ医薬品の血中滞在時間を延長させる技術も開発している。世界で上市される新薬の大半を占めるバイオ医薬品にとって博士の技術は非常に有益と見られている。「ほんの 10 年前までは糖タンパク質の糖鎖は邪魔なものと考えられていたが、現在はその有用性が注目されている」と博士は笑顔を見せる。

一方で、バイオ医薬品以外への活用も進められている。その 1 つがワクチンへの応用だ。通常、ワクチンは免疫反応を活性化することによって、効力を発揮するのだが、博士は糖鎖を改変することにより、免疫反応を抑制する働きを持ったワクチンの開発に取り組んでいる。アレルギー疾患などに有効と考えており、実用化に向けた研究を進めている。

そのほか、カレワールト博士は肝臓移植でも自身の知見の活用を試

みている。肝臓を提供者から患者へ運ぶ際に用いる薬液には肝臓から糖タンパク質が放出される。この糖タンパク質の糖鎖を分析し、その肝臓が移植に適しているかどうか判断するバイオマーカーとして同定したのである。この業績は 2018 年に発表されている。博士は「今後はより早い検査方法を確立して実用化を目指す」と意気込んでいる。

グザビエ・サーレンス博士　Xavier Saelens, Ph.D.

ゲント大学教授／ VIB-UGent　医用生体工学部門　グループリーダー
VIB-UGent Center for Medical Biotechnology, Group Leader

Web　http://www.vib.be
　　　http://mbc.vib-ugent.be

e-Mail　Xavier.Saelens@ugent.vib.be

グザビエ・サーレンス博士

第3章 アカデミアの研究者紹介 (Academia)

　「VIB は自身の研究に最高の環境を提供してくれている」と話すグザビエ・サーレンス博士の専門はウイルス学である。主にインフルエンザと RS ウイルス感染症（RSV）を研究対象としており、①基礎研究（感染症のメカニズムなど）、②治療薬の開発、③予防研究（ワクチン開発が中心）という 3 つの方向性で研究を進めている。

　基礎研究では、Mx タンパク質のメカニズムについて考察を続けている。Mx タンパクとは、すべての脊髄動物に存在するもので、強い抗ウイルス性の機能があることが確認されている。セーレンス博士はその機能発現の仕組みや、インターフェロンとの関連などを研究テーマとしている。

　同研究の分析はプロテオーム解析を用いて行われている。そこで欠かせないのが、「プロテイン コア」[1] だ。博士は「プロテイン コアの迅速な解析が研究に大きく貢献している」と指摘する。

　一方、治療薬の開発には、「ナノ抗体 コア」[2] が提供するナノ抗体[3]が活用されている。抗体は通常、H 鎖と L 鎖によって構成されるが、同コアでは、ラクダやラマなどの持つ H 鎖のみからなる抗体をつく

---

*1) VIB のコアファシリティの 1 つでゲントに拠点を置く。

　2) 同じくコアファシリティの 1 つでブリュッセル自由大学内にある。

　3) ナノ抗体は免疫を対象とした研究に適しているという。

る技術を確立している。

　サーレンス博士はいまだ存在しないRSVワクチンの開発も進めている。RSVは秋から冬に流行する風邪のウイルスの一種で、2歳までに大半が感染するありふれた風邪だが、博士によると、世界では年間3,000万人が入院し、約20万人の子どもが命を落としているという。

　サーレンス博士は独自開発したRSVワクチンの特許を2012年に取得しており、実用化に向けた第1相臨床試験(P1)を完了している。カナダ・イミノファクシン社(Immunovaccine Inc.)と共同で行ったこの試験では、安全性のほか、1年経過した時点でも体内にかなりの高濃度で抗体が存続していることも確認できている。

　肝炎やインフルエンザのワクチンでは、接種後20〜30日間は抗体が増加するが、その後は減少してしまう。P1で抗体が長期にわたり存続できた背景には、イミノファクシン社が持つアジュバント(抗原性補強剤)の存在がある。特許の取得から共同臨床試験先の選定までをトータルにサポートしたVIBの技術移転チームが、このワクチン開発において重要な役割を果たしたといえる。

　第2相臨床試験(P2)に向けては、被験者をどのように集めるかなど、倫理的なハードルがある。現在は、RSVに感染する前と後を比較できる高齢者の血漿サンプルを持つ米国の機関と共同研究を実施している。ワクチンの有効性が高いものであることを証明するための努力をしつつ、スポンサーを探し、P2さらには実用化へ結びつけたい考えだ。

　サーレンス博士は各年の流行に関係なくすべてのインフルエンザウイルスに効くワクチンについても研究してきた。基質タンパク質の1つであるM2タンパク質を抗原に用いて、免疫性を高める加工を施したワクチンだが、抗体の持続性に課題があり、実用化には至っていない。現在は特許が切れており、ロシアで新たなアジュバンドを用いた研究開発が行われている。

　インフルエンザワクチンでは、ノイラミニダーゼ[4]もしくはヘマグルチニン[5]がエピトープ(抗原決定基)として用いられているケースが

大半だ。サーレンス博士はこれらのエピトープ両方をターゲットとしたワクチンの開発も検討しており、「より広い範囲のインフルエンザに対応できるワクチンを世に出したい」と話す。一方で、先述のM2タンパク質を抗原とするワクチンに係る技術を応用したインフルエンザ治療薬の開発も念頭に置いている。

＊4）治療薬であるタミフルが阻害する酵素でもある。
　5）ウイルスの表面上に存在する抗原性糖タンパク質。

)))) レナート・マーテンス博士 Lennart Martens, Ph.D.

ゲント大学教授／ VIB-UGent　医用生体工学部門　グループリーダー
VIB-UGent Center for Medical Biotechnology, Group Leader

Web http://www.vib.be
https://mbc.vib-ugent.be

e-Mail lennart.martens@ugent.vib.be

レナート・マーテンス博士

　　レナート・マーテンス博士の研究グループは、生体内の主流なタンパク質（約 1,000）がどのような形・状態で存在しているかを確認し、マッピングしていくことを課題としている。さらに研究成果の質量分析（MS）への応用にも力点を置いている。

　MS では分子をイオン化してその質量電荷比（m ／ z）を測定し、その結果をもとにイオンや分子の質量を同定する。2002 年にノーベル化学賞を受賞した田中耕一氏（島津製作所）が開発した「ソフトレーザー離脱イオン化法」[1] がきっかけとなり、MS を用いたタンパク質研究が可能となった。医療分野での応用が特に期待されており、田中氏は MS を用いて、血中のアミロイド β タンパク質を測定することなどにより、アルツハイマー型認知症（AD）の原因物質とされる同タンパク質の脳内蓄積量を推定。AD の早期発見につなげようという取り組みを試みている。

　マーテンス博士は MS の現状について、既に装置は機器として成熟しつつあるとする一方で、「今後はアプリケーション（応用技術）開発が重要だ」と主張する。そのなかでも特に、装置から得られた信号を適切なデータ、分析情報に変換するソフトウエアを重要視しており、

＊1）タンパク質を壊さないでイオン化する技術。

高精度なソフトウエアがあれば、医療などでさらに応用の幅が広がると考えている。

　そのような考えのもと、マーテンス博士らが開発したソフトウエアが「イオンボット」で、タンパク質の国際的な統合データベースである「プロテオームエックスチェンジ」[2]のデータが収載されている。加えてアルゴリズム、AI（人工知能）も活用すれば、実際の測定と並行して予想データを算出することもできる。双方を合わせて得られた分析結果は高い精度を誇っている。

　イオンボットは既に、ヒトとチンパンジーのDNA複製の際に生じたタンパク質の差異を比較する共同研究で実績を上げている。また、イオンボットは1つもしくは複数の検体内のタンパク質における修飾などの時系列的な変化を明瞭化することもできる。その特徴をいかして、とある重篤な疾患に対する運動療法の効果を検証するための共同研究も行われている。当該の運動療法は、以前からその効果が実証されていたが、化学的な根拠がまだ得られていない。そこで、イオンボットを用いたMSにより、運動療法前後のタンパク質（代謝物）の修飾の違いを比較することで、その効果のエビデンスを探ろうというのである。

　博士はさらに、MSを活用することで血液や尿、唾液など1つの検体から複数の疾患をスクリーニングするシステムの構築も思い描いている。バイオマーカーが同定されていれば、検体中の複数の代謝物を分析することで一度に複数の疾患を早期に発見できる。

　さらにイオンボットを用いれば、単純にタンパク質の質量を推定するだけではなく、修飾などの変化を明確にとらえ、機能しているタンパク質と機能していないタンパク質を選別することも容易になる。結果として総合的な診断に結びつく可能性が高く、「がんや炎症など早

＊2）日本のjPOST、欧州バイオインフォマティクス研究所のPRIDEなどの情報を集約したタンパク質の統合データベース。

期発見が重要な疾患には非常に有効だ」と博士は強調する。

　2018年12月現在、イオンボットはウェブ上で試験的に公開されており無料で利用できる。2019年夏をめどにスピンオフ企業を設立して商業化する予定であり、マーテンス博士は「協力企業と連携して、今後も精度の向上に努め、最適なサービスを提供していきたい」と意気込んでいる。

ベルギーのビール文化

　ビール愛好家たちにとって、ベルギーはビールの聖地です。何世紀にもわたる醸造の歴史は、今日も醸造家に影響やヒントを与え続けています。ビールはベルギー人の DNA に組み込まれ、その歴史的重要性は、ベルギーのビール文化が UNESCO の無形文化遺産に登録されたことでもわかります。

　ベルギーの熟練した醸造家たちは、昔から変わることのないベルギービールの特徴を受け継ぐために、何世代も同じ醸造法で造り続けています。ロッシュフォール、アヘル、シメイ、デュベル、オルヴァル、ウェストマールなどは、世界に知られるブランド。こうした銘柄がベルギービールの名を広めていったのです。

　一方で、新進の醸造家たちの情熱は、ベルギービールに対する見方を変えてしまうような新しいクラフトビールを生み出しています。クラウドファインディングで作られたビールであっても、マイクロブルワリーでも、一回きりの醸造でも、クラフトビールの醸造家たちがベルギービールに新たな魅力を与えていることに違いはありません。

出典：Brewery Rodenbach, Roeselare© www.milo-profi.be

ディーター・ランブレヒツ博士 Diether Lambrechts, Ph.D.

ルーヴェン・カトリック大学教授／ VIB-KU Leuven　がん生物学センター　サイエンスダイレクター
VIB-KU Leuven Center for Cancer Biology, Science Director

Web http://www.vib.be
https://www.vibcancer.be/

e-Mail diether.lambrechts@kuleuven.
vib.be

　遺伝子工学を専門とするディーター・ランブレヒツ博士はトランスレーショナルながん研究[1]を実践している。がん治療には、免疫治療によるものと、血管形成の阻害によるものがある。しかし、すべての患者にこの2つの療法が有効とは限らない。博士は各患者

ディーター・ランブレヒツ博士

にふさわしい治療法を選択する際の指標となるようなバイオマーカーの探索に注力している。

　バイオマーカーを探し出すためには「臨床から細胞レベルに至るまで膨大で多様なデータ分析が必要。学際的な研究が肝要だ」とランブレヒツ博士は説明する。臨床からDNAシークエンス、最新のバイオインフォマティクスに至るまで、様々な知識が要求されるものであり、博士は臨床医を含む専門家チームを構成して研究にあたっている。

　一方で、「最近のシングルセルの技術の発展はバイオマーカー探索に大きく寄与している」とランブレヒツ博士は指摘する。組織を用いた検査では、遺伝子やDNAがどの細胞由来のものであるか、つまり、どの細胞のレスポンスであるかを判別することは困難であった。単一細胞（シングルセル）の探索ではそういった課題を解消できる。T細胞

＊1）基礎的な研究の成果を、革新的な診断や治療法の開発につなげるための橋渡し的ながん研究のこと。

やがん細胞など個々の細胞ごとにプロファイルを取れるため、治療により各細胞がどのように変化するのか、その変化はがんの種類によってどう違うのかなどを、これまでの組織を用いた生検と比較して効率よく分析することができる。

また、ランブレヒツ博士は「シングルセル　マルチ　オミックス」と呼ばれる手法を用いれば、がんに対するよりよい診断法や治療法につながると考えている。同手法では RNA、DNA、TCR（T細胞受容体）のすべてを分析し、DNAメチル化やエピジェネティクスが単一細胞でどのように起こっているかを確認する。つまり、同手法でがん細胞を分析すれば、そのなかで何が起こっているのかをすべて知ることが可能となる。

具体的な研究成果として挙げられるのが、高頻度マイクロサテライト不安定性（MSI−High）大腸がんの診断法の開発だ。ステージ4の大腸がん患者の約5％を占める MSI−High はアグレッシブで、そうでない場合に比べ予後が悪い。

ランブレヒツ博士は MSI−High の診断法で特許を取得しており、VIB のスピンオフ企業であるビオカルティス[2]へ導出している。同社は 2018 年に、そのバイオマーカーを用いた診断システムを上市している。博士は「がん種を問わず、すべての MSI−High 固形がんにも同システムは有効だ」と期待を示す。

また博士は日本のエーザイと受託研究契約（SRA）を締結しており、同社の抗がん剤「エリブリンメシル酸塩（日本での製品名・ハラヴェン）」についても研究を進めている。具体的には、平滑筋肉腫の腫瘍サンプル[3]を用いて、エリブリンの効果を予測可能なバイオマーカーの探索を行っており、2019 年度上期中にデータが得られると想定している。

＊2）医療現場に画期的な診断システムを供給している企業。第4章「ビオカルティス」（140ページ）の項を参照。

3）米国で行われたエリブリンの第3相臨床試験（P3。既に終了）の際に保存した臨床サンプルが使用されている。

ランブレヒツ博士は、「ルーヴェン・カトリック大学は臨床現場と基礎研究の双方にとても良い環境が整っている。今後も、学際的な研究を推し進め、がん患者に適切な治療を提供できる仕組みを構築したい」と話している。

フランダースの芸術家

　フランダースは、15 世紀から 17 世紀中ごろにかけての 250 年余り、西欧美術の最先端にあり、初期フランドル派、ルネサンス、バロックなどの主要な芸術潮流に影響を与えてきました。フランダースの芸術家たちは、その手業、創造性、技術革新でヨーロッパ中に名を馳せていました。当時、非常に豊かで繁栄していたフランダース地方を、芸術と建築の両面で、最も文化的に洗練された場にしたのは、芸術家たちでした。

　フランダースの巨匠たちの作品は、今日、世界中で見ることができますが、その作品が創り出されたフランダースの地で鑑賞するのは、極めて印象深い体験となります。ルーベンスが住んだ歴史ある街並みを散策し、ピーテル・ブリューゲル（父）がインスピレーションを得た風景を味わい、ファン・エイクが描いたその地に立つことができるのですから。

　世界中でアントワープほど、ルーベンスの足跡を感じさせてくれる街はありません。彼は人生のほとんどをここで暮らし、芸術活動を営んだのです。ここで芸術家として修行し、喜びや悲しみを家族と分かち合い、ネーデルラント地方の外交官の役割を果たし、世界中から貴族や要人を迎えました。それと同時に、彼は描き続け、その時代の最も優れた画家として賞賛されました。

　アントワープにいると、ルーベンスの存在を今でもあちこちで感じることができます。グルーンプラーツでは彼の銅像が出迎え、様々な美術館や教会で 50 以上の作品を見ることができます。その多くを、ルーベンスが作品を作ったオリジナルの背景と共に鑑賞することができるのです。自宅、アトリエ、お墓のすべてがアントワープにあります。アントワープといえば、ルーベンスとさえ言われる所以です。

出典：Selfportrait, P.P.Rubens©Antwerpen Rubenshuis collectiebeleid

ペーター・カルメリット博士 Peter Carmeliet, Ph.D.

ルーヴェン・カトリック大学教授／VIB-KU Leuven がん生物学センター グループリーダー
VIB-KU Leuven Center for Cancer Biology, Group Leader

✉ peter.carmeliet@kuleuven.vib.be
e-Mail

ギー・エーレン 氏 Guy Eelen

ペーター・カルメリット博士研究室スタッフ
Staff Scientist

✉ guy.eelen@kuleuven.vib.be
e-Mail

💻 http://www.vib.be
Web https://www.vibcancer.be/

　血管は体中に栄養や酸素を運ぶ、人体にとって重要な器官だが、がん患者の腫瘍にも栄養や酸素を運ぶ。がんに罹患すると、腫瘍の急激な成長を支えるために、血管新生も活性化される。この活性化のプロセスを「エンジョジェネシス」と呼ぶ。ペーター・カルメリ

ギー・エーレン氏

ット博士の研究室では、がんを対象とした「アンチ・エンジョジェネシス・セラピー（治療法）」の効果向上に努めている。

　同治療法のメカニズムは、腫瘍から発現する血管内皮細胞増殖因であるタンパク質をブロックすることで、血管新生を抑えるというものだ。しかしVEGFファミリーと呼ばれる同増殖因子には多くの種類が存在するうえ、VEGFはそれぞれ異なった遺伝子を持ち、それぞれ決まったVEGP受容体に結合する。したがって、1つのVEGFをブロックしても、それ以外のVEGFが血管新生を促すため、現状では同治療の効果は限定的なものになってしまっている。

　カルメリット博士はここ数年、この課題を解消すべく、増殖因子を

受け取る側の血管内皮細胞のメタボリズムに注目してきた。このメタボリズムそのものをブロックすることができれば、VEGF の種類に関係なく、血管新生を抑えることができる。博士は同メタボリズムを解析し、糖代謝やアミノ酸、脂肪酸の働きを突き止めており、現在は血管内皮細胞のメタボリズムをターゲットとした新薬開発に向けた研究段階にある。特に重点的に取り組んでいる課題として腫瘍内の血管内皮細胞のヘテロ性への対応が挙げられる。血管内皮細胞にも複数のタイプがあり、各腫瘍から出る VEGF に対してすべての血管内皮細胞が反応する訳ではない。したがって治療薬を開発するには、まず種々の血管内皮細胞についてメタボリズムの特性を把握し、ターゲットを絞り込む必要がある。

　カルメリット博士はシングルセル（単一細胞）による分析を用いて、各血管内皮細胞の遺伝子発現パターンの解析を進めている。そのデータを集めて、より良い治療法の開発につなげていく計画だ。

　現在は治療法の方向性が定まった段階で、今後は時間をかけて安全性などを検証していく予定である。現状では、とある種類のがんに絞ってアプローチを試みているが、将来的には各がん種の専門家らとも協業し、対象とするがん種を増やしていく計画だ。がん、腫瘍の種類によって異なる各血管内皮細胞の割合なども分析して具体的な治療法開発に結びつけていく。

　また同治療法を、近年注目を集めている個別医療へ応用することもできる。患者ごとに腫瘍の特性は異なるが、シングルセルによる RNA シークエンスなどを活用して個々の患者の腫瘍を解析し、それに基づいた治療法をデザインすることで、患者 1 人ひとりに効果の高い個別の治療法を提供することもできる。

第3章　アカデミアの研究者紹介（Academia）

リスベス・アーツ博士　Liesbeth Aerts, Ph.D.

VIB-KU Leuven　脳・疾患研究センター　サイエンスコミュニケーター
VIB-KU Leuven Center for Brain & Disease Research, Science Communicator

🖥 http://www.vib.be Web https://cbd.vib.be/	✉ liesbeth.aerts@kuleuven.vib. e-Mail be

リスベス・アーツ博士

　脳・疾患研究センター（CBD）は VIB に 8 つあるセンターの 1 つで、ルーヴェン・カトリック大学に 18 のラボを構えている。2018 年末現在、グループリーダー（19 人）、ポスドク（博士研究員、100 人弱）、博士課程の学生（約 100 人）、技術スタッフ（約 60 人）、事務スタッフ（22 人）の合計約 320 人が所属している。

　CBD のサイエンスコミュニケーターを務めるリスベス・アーツ博士自身も、CBD で博士課程を修了している。豪州のニューサウスウェールズ大学でのポスドクを経験した後、CBD に戻ってきた。PR 冊子やプレスリリースの執筆なども担当しており、「CBD の研究成果を広く知ってもらうのが自身の役割。研究者と外部との架け橋となれることに喜びを覚える」と話す。

　なお CBD では 2016 年に組織改編を実施しており、旧名称の生物学疾患センター（Center for Disease Biology）から改名している。「組織改編により、明確な方向性を持った運営が可能になった」とアーツ博士は話す。

　現在 18 あるラボの半分は、バイオロジーの基礎研究に重点を置いており、神経細胞（ニューロン）ネットワークやその成長のメカニズムなどについて研究を進めている。例えば、トーマス・ヴッツ博士（Thomas Voets, Ph.D.）の研究グループでは、イオンチャンネル[1]に

焦点を当てている。最近では熱傷を負った際に出る神経細胞のシグナルについて研究成果を上げている。

　残り半分のラボでは、より臨床応用に近い研究が行われている。とは言っても、具体的な治療法自体の開発というよりも、論理的な研究に従事していると表現したほうが適切かもしれない。研究のターゲットとしている疾患は、アルツハイマー型認知症（AD）やパーキンソン病（PD）、筋萎縮性側索硬化症（ALS）、ジストニアなどだ。例えば、フレデリック・ルソー博士（Frederic Rousseau, Ph.D.）とヨースト・シンコビッチ博士（Joost Schymkowitz, Ph.D.）の2人が率いるスイッチ研究室（SWITCH LAB）では、タンパク質生物物理学の視点からADやPDの原因となるタンパク質を分析しており、「特定のタンパク質が経年などの影響によって脳内で結合するのはなぜか」などのテーマで研究を進めている。さらに発想を転換し、細菌に対してタンパク質を結合させることによって感染を防ぐ抗生物質の開発にも着手している。商業化を見据え、2017年にはスピンオフ企業も設立した。

　アーツ博士は「これらの研究に欠かせないのが、専門的な分析や研究に係る技術だ」と強調する。これらの技術を提供するのがルーヴェン・カトリック大学の専門家ユニット[2]で、例えば電子顕微鏡やシングルセル（単一細胞）技術が挙げられる。

　シングルセルを活用した研究でまず挙げられるのがステイン・アーツ博士（Stein Aerts, Ph.D.）の研究グループだ。博士らは同技術を用いてハエの脳を研究し、遺伝子発現を軸に、経年により脳に起こる変化について考察を行っている。また、パトリック・ヴェルストレーケン博士（Patrik Verstreken, Ph.D.）の研究室では、博士課程の学生がPD状態にしたハエを用いて、PD患者の睡眠の質に関して考察を実施している。

＊1）細胞の生体膜（細胞膜や内膜など）にあり、受動的にイオンを透過させるタンパク質。
　2）VIBのコアファシリティとは組織図上は別ものであるが、人材や設備など、共有されている部分もある。

ヨリス・デウィット博士　Joris de Wit, Ph.D.

ルーヴェン・カトリック大学教授／VIB-KU Leuven　脳・疾患研究センター副所長
VIB-KU Leuven Center for Brain & Disease Research, KU Leuven Department of Neurosciences, Group Leader

Web http://www.vib.be
https://cbd.vib.be/

e-Mail joris.dewit@kuleuven.vib.be

VIB に 8 つある研究所のうち
脳・疾患研究センター（CBD）は、
アルツハイマーや、てんかん、運
動・知能障害などあらゆる脳神経
系疾患の基礎的なメカニズムの究
明に取り組んでいる。

ヨリス・デウィット博士

研究者数は総勢 320 人を超え、
予定を超過するスピードで増加し
ているため、ルーヴェン・カトリック大学の敷地内に新たなビルを建
設し、2020 年に入居する予定である。研究者と設備をさらに大幅に
拡充するほか、新規ビルにはルーヴェン・カトリック大学の同じ研究
領域の研究室も入居することとなっており、同ビルはベルギーにおけ
る脳神経科学のハブの 1 つとなる。

ヨリス・デウィット博士は 2013 年から同研究所に属するシナプス
生物学研究室でグループリーダーを務めており、2018 年からは脳疾
患研究センターの副所長も兼務している。同ラボでは脳の神経細胞間
における接続領域、シナプス[1] での障害がどのように起こり、疾患に
どう影響するかを研究テーマとしている。

シナプスは化学シナプス（小胞シナプス）と電気シナプス（無小胞シナ
プス）、および両者が混在する混合シナプスに分類され、このうち小

＊1）神経細胞間、あるいは筋繊維、神経細胞と多種細胞間に形成される、シグナル伝達な
どの神経活動に関わる接合部位とその構造。

胞シナプス内には神経伝達物質が入っている。

　例えば、興奮がシナプスに達するとシナプス小胞が細胞膜に融合し、シナプス間隙に神経伝達物質が放出される。拡散した神経伝達物質が次のシナプス受容体に結合することで刺激が伝達されていく。情報伝達は一方向に行われるが、小胞数が少なかったり、受容体が機能していない、または場所が適切でないなどの問題があると、情報伝達が阻害され、考えたり反応したりする能力に障害が起こると考えられている。

　小胞に入っている神経伝達物質は無数のタンパク質であり、それぞれの性質は異なる。これらのタンパク質は小胞に対し、自らを放出させるように働きかけるが、同ラボでは各タンパク質が単独で動くのではなく、相互に影響を及ぼし合っていることを突き止めた。

　同ラボではタンパク質全体を1つの機械としてとらえ、プロテオミクス[2]の手法を適用し、小胞内の全てのタンパク質を観察する。新規タンパク質を探索し、その機能を調べ、解析結果をモデルマウスに適用しシナプスでの変化を観察することで検証する。これまでに複数の新規タンパク質を発見しており、2018年には「GPR 158」という、シナプス形成において重要な役割を果たす新規タンパク質を発見している。

　プロテオミクスは従来、脳神経分野においては脳の全領域を対象としてその手法が用いられてきた。だが同ラボでは、脳内に張り巡らされた無数の神経細胞コネクション（シナプス）のなかからある1つのコネクションに対象を絞り込んでいる。組織からシナプスを分離し、顕微鏡を用いて単独で観察できるようにし、さらにプロテオミクスを適用することで、1つのシナプスにおける全てのタンパク質を調べる。このアプローチであれば、小さな変化も見逃すことがない。「わらの中の針を見つけるようなもの」と博士が形容する緻密な調査を積み上げていけば、やがて神経細胞同士がどのように通信しているかを解明

＊2）特に構造と機能を対象としたタンパク質の大規模な研究手法。

することができ、「最終的には自閉症や統合失調症など精神疾患の治療薬の開発につながる」という。

　現在は1つのコネクションに限定しているが、今後は対象を広げ、全ての細胞のコネクションごとにどのようなタンパク質があり、どう働いているかを調べていく方針だ。これら1つひとつのコネクションが何から構成されているのかを分子レベルで説き明かせれば、神経系内の神経細胞の接続の様子を表す包括的なマップ（コネクトーム）ができあがる。先人達の研究で明らかにされてきた脳神経の道路上に存在する1つひとつの建物を精密に描写することが可能となり、情報が道路をどのように流れているのかがわかるようになる。こうした手法はモレキュラーコネクトミクスと呼ばれ、博士はラボで開発したプロセスを用いて実現を目指している。

　膨大な量のタンパク質の解析やコネクトミクスを実現するためには、ハイスループット技術 [3) の重要性が増している。VIB はサーバーやデータサイエンティストなどのインフラ投資を厚くしており、同研究所にはバイオインフォマティクスをテーマとしたラボもある。

　脳神経疾患は一生涯にわたり治療が必要とされるものであり、社会的コストは大きく、高齢化社会の進展にともないますます患者数が増えると予測される。脳神経疾患の多くには治療法がなく、脳神経科学の研究に対する期待は高まっているが、腫瘍学に比べると基礎研究への投資は少ない。基礎研究を開始してから医薬品が完成するまでには 10 〜 20 年もかかることから、「基礎研究をさらに加速させるためにもっと投資が必要だ」と博士は強調する。

　脳神経科学は非常に複雑な学問領域であり、同研究所に属する 15 の研究室間の連携が欠かせない。同研究所ではこのほど研究室間の連携を促進するための基金を設立した（予算期間は 5 年間）。各研究室長が自ら手掛けている研究領域を超えて新たなテーマを提案し、研究資

＊3) ロボットやプログラミングを用いることにより、自動的に大量の演算処理を行う技術。

金の獲得をかけて競うというもので、他の多くの基金がリスクが高すぎて手を出しづらかったテーマへの挑戦を促すことで、革新的アイデアが生まれることを目指している。

竹岡　彩 博士　Aya Takeoka, Ph.D.

NERF ニューロエレクトロニクス研究フランダース　グループリーダー
Neuroelectronics Research Flanders (NERF), Group Leader

 Web https://www.nerf.be/　　 **e-Mail** aya.takeoka@nerf.be

竹岡　彩 博士

　ニューロエレクトロニクス研究フランダース (NERF) は 2009 年に開設された脳科学研究機関で、特にシステムズニューロサイエンス (システム神経科学) 分野を研究している。システム神経科学分野というのは、神経細胞が統合して神経回路を形成したときにどのような働きを発揮するかを解明しようとする研究の総称のことである。

　従来、視覚や聴覚などそれぞれの感覚を処理する脳の部位は特定されていると考えられてきたが、近年の研究ではすべての感覚情報が脳で統合的に処理されており、脳内の境界は曖昧であることが判明している。例えば、表面の材質感覚 (テクスチャー) は触覚だけではなく視覚でも処理されている。NERF では生きたマウスなどを用いた実験 (in vivo 試験) で、脳細胞が送受信する信号を解読することで、脳神経回路のメカニズムの解明に努めている。

　NERF の創立者として名を連ねるのは、バイオテクノロジー分野の大学間研究機関である VIB、ルーヴェン・カトリック大学、imec だ。NERF はルーヴェン市内の imec 本部が入る建物にラボを構えている。ここでは VIB と imec が連携した研究活動を展開しており、最新のナノエレクトロニクス工学が研究に応用されている。NERF はニューロテクノロジーの発展も担っており、例えば、宮脇敦史氏 [1] らが開発した、細胞の活動を可視化するためのカルシウムセンサー「GCaMP」

と2光子顕微鏡をニューロン活動のイメージングに活用したり、超音波によって血流をリアルタイムで把握しニューロン活動量を計測したりするといった取り組みも実施している。

行動解析を得意とする竹岡彩博士は、NERFに6つある研究室の1つでグループリーダーを務めており、「脊髄のなかでどのように学習記録が行われているか」をテーマに研究を進めている。

顔の表情を動かすなど首から上の反応を除き、行動指令はすべて脊髄を通って、筋肉に信号が出される。筋肉の収縮と弛緩に伴い、脊髄に戻ってくる体性感覚[2)]のフィードバックが次の行動指令を決定する仕組みとなっている。

ヒトは幼い頃から挑戦と失敗を繰り返しながら、自身の身体の動かし方（運動制御）を学習する。大人になってからも神経の可塑性を最大限に利用して学習が続けられる。大人になってからの学習については、例えば日々の鍛錬を欠かさないトップアスリートや、脊髄損傷患者のリハビリをイメージすると理解しやすいだろう。竹岡博士は「どのニューロンが脊髄での学習記録に関連しているかが分かれば、リハビリにも大きく役立つ」と力説する。実際に竹岡博士は、脳を除去したマウスの脊髄に直接信号を与えて記録学習させ、障害物をよけて歩行させることに成功している。

竹岡博士はNERFでの研究環境について「生物学者がやりたいと思う実験に対して、imecやルーヴェン・カトリック大学のエンジニアが様々な素材を提供してくれる」と話す。実際に、エンジニアと連携のもと、生きたマウスの脊髄に損傷を与えることなく挿入できる非常に軟らかいエレクトロードを試作しており、「学習記録中のマウスのニューロン活動をリアルタイムで把握できることは、自身の研究にとって重要だ」と語っている。

＊1)国立研究開発法人理化学研究所脳科学総合研究センター細胞機能探索技術開発チーム在籍。
　2)視覚、聴覚、味覚などの特殊感覚を除いた感覚のこと。すなわち触覚、痛覚、温覚などの皮膚感覚と、筋覚、関節覚などの深部感覚をさす。

ファビアン・クロスターマン博士　Fabian Kloosterman, Ph.D.

NERF ニューロエレクトロニクス研究フランダース　グループリーダー
Neuroelectronics Research Flanders（NERF）, Group Leader

Web https://www.nerf.be/　　　**e-Mail** fabian.kloosterman@nerf.be

ファビアン・クロスターマン博士は記憶に焦点を当てた研究を進めている。様々な経験から学習して保存された記憶がどのように神経細胞（ニューロン）で表現されているのかを、脳の活動を計測することによって明らかにしようとしている。

ファビアン・クロスターマン博士

人が経験したことは視覚や聴覚、嗅覚など様々な感覚器官から取り込まれ、脳神経細胞に反映される。経験が記憶に変わると、シナプスなどの細胞の接合が物理的に変化する。「脳は記憶を刻む機械ととらえることができる。その機械がなぜ機能しなくなったのかが分かれば認知症の原因などの解明にもつながる」と博士は話す。

クロスターマン博士は脳内で記憶回路をつかさどる領域と、空間認識の際にナビゲーションを担う領域とが緊密に関係していることを発見している。人が過去に経験したイベントの記憶には3つの要素がある。つまり、「①いつ、②どこで、③何が」だ。このうち②は、ナビゲーションの領域と深く関わっていることが分かっている。

博士は既に実験で、ラットやマウスが記憶した経路を歩くときにシグナルを出す脳の特定の領域を把握することに成功している。「活動している領域を把握することで、そのラットやマウスがどこにいるのかを知ることもできる」と笑顔を見せる。

脳に記憶を刻むに当たり、重要な役割を果たしているのが、睡眠だ。

記憶回路をつかさどる領域からは常にシグナルが出ているのだが、睡眠中は起きているときの10倍の速さでそのシグナルが出ている。これは、起きているときに得た経験をもとに夢を見ているときの状況に相当するもので、睡眠中に脳内で繰り返しシグナルを出すことで記憶が形成され、さらには過去の経験との統合も行われていると推察できる。クロスターマン博士は脳内の現象と神経活動の因果関係の確認を進めている。

一方でクロスターマン博士は、研究に基づいたアルゴリズムやハードウェアの構築も念頭に置いており、「失われた脳機能の代替となるツールを提供できる可能性もある」と期待を示す。博士はまた、脳神経のネットワーク全体を把握することは、脳神経系疾患の解明にも役立つと考えており、「製薬企業に脳の研究に資する新たなプラットフォームを提供したい」と意気込んでいる。

マイクロエレクトロニクス分野の研究機関であるimecが開発した電極は、膨大な数の脳神経細胞を研究するうえで欠かせない存在だ。クロスターマン博士はこの技術を生かしてヒトの脳全体の活動を詳細に記録するシステム「ニューロピクセルプローブ」の開発を継続的に進めており、「自身の研究にとって、imecの力は大きい」と強調する。博士は同システムがパーキンソン病やてんかん、うつ病などの治療に有効だと考えているのだが、臨床実験における倫理的な問題が、同システム開発の障害となっている。

例えば、パーキンソン病では深部脳刺激療法（DBS）が用いられる。同療法では脳の深部に留置した電極からの電気刺激により、大きな震えなどの症状を抑える。その症状にはオンとオフがあるにもかかわらず、同療法では断続的に刺激が与えられているのが現状である。療法に用いる電極に脳神経細胞の活動を記録する機能を持たせれば、いつ症状がオンになるかを把握できるようになり、必要なときだけに絞って刺激を与えることも可能となる。「臨床応用で具体的なメリットがあることを示すことが開発、実用化につながる」と博士は語る。

ハン・レマウト博士 Han Remaut, Ph.D.

ブリュッセル自由大学（VUB）／ VIB　構造生物学部門　グループリーダー
VIB Center for Structural Biology, Group Leader

Web
http://www.vib.be
http://www.cryo-em.be/

e-Mail
han.remaut@vub.vib.be

ハン・レマウト博士

　構造生物学と微生物学を専門と
するハン・レマウト博士は「細菌
から身を守るために有効なのは、
細菌自体を殺すことではなく、感
染を制御することだ」と話す。大
腸菌やヘリコバクター・ピロリ菌
などの病原菌は、まず細胞の表面
に露出した接着分子を介してホス
ト（宿主）細胞を認識する。このとき接着分子は、ホスト細胞の表面に
ある特定の糖を、認識のためのターゲットとする。ホスト細胞を認識
した細菌は、ホスト細胞の表面に結合し侵入を開始する。博士はこの
メカニズムを利用することで細菌感染の防止を目指している。

　具体的な感染制御の方法としては2つの戦略を立てている。1つは
接着分子の生成を阻害するというもので、博士は接着分子の特定、構
造解析、生成機序の解明を進めている。もう1つは、細菌がホスト細
胞の表面に結合するのを、低分子加工物などを用いて阻害するという
ものだ。

　またレマウト博士はアミロイドという、ある特定の構造を持つ、水
に溶けない繊維状のタンパク質についての知見も有している。アミロ
イドは、ヒトではアルツハイマー型認知症（**AD**）やパーキンソン病、
2型糖尿病などの疾患の原因となることで知られている。一方で細菌
もアミロイドを産生しており、集合体をつくるときの接着剤として活
用している。ヒトが産生したものとは異なり、細菌が産生したアミロ

イドは病原体とはならない。

　レマウト博士は、ヒト由来と細菌由来に加えて、化学物質を用いて実験室で作製した無害のアミロイドについて、比較を進めている。病原体となるアミロイドとそうではないアミロイドの違いを見つけ出すことで、「ADなどアミロイドが原因であると推定される疾患の治療法開発に役立つのではないか」と研究の意義を説明する。

　さらに近年の注目すべき実績としては、英国のオックスフォード・ナノポアテクノロジーズとの共同研究が挙げられる。同社は、ナノポアシーケンス技術[1] を確立し、シーケンサーの販売を手がけている。同シーケンサーが当初用いていたナノポアは理にかなったものではなかったが、2016年にレマウト博士らが特許を取得したナノポアが同シーケンサーに採用されると、分析の精度、スピードは格段に上がった。博士によると一度に10万の遺伝子を読み取ることもできるという。一方、改善の余地はまだ残されており、現在もさらなる改善に向けて共同研究を継続している。「今後も技術革新に協力したい」と博士は話す。

　ナノポアシーケンサーの具体的な活用方法としては医療現場での利用が考えられる。例えば炎症や肺炎などを疑い、医療機関で診察、検査を受けた患者に対して、医師がその原因となる細菌を突き止め診断を下すのに、現状では2日間かかる。一方、少量の検体を採取して同シーケンサーで分析すれば、5分以内に細菌を判別できる。

　さらにエボラ出血熱やジカ熱などを判別することも可能だ。レマウト博士は「詳細な情報を提供してくれる同シーケンサーはウイルスの種族を判定することもできる。感染経路や効果がある治療薬を判断するのにも役立つのではないか」と指摘する。

＊1）DNAがタンパク質微細孔（ナノポア）を通過する際の電流変化によって配列決定を行うというもの。

古庄公寿 氏　Hirotoshi Furusho

※所属、内容はインタビュー時のもの

ブリュッセル自由大学 (VUB) ／ VIB　構造生物学部門　シニアリサーチャー
VIB Center for Structural Biology, Senior researcher

🖥 http://www.vib.be Web http://www.cryo-em.be/	✉ Marcus Fislage, EM Manager e-Mail marcus.fislage@vub.be

　古庄公寿氏は奈良先端科学技術大学院大学 (NAIST) に 2001 ～ 2006 年に在籍し、脂質ナノチューブを用いた電子顕微鏡のサンプル作成法を確立したことで注目を集めた。

　当時、古庄氏は鉄結合性タンパク質の一種である「フェリチン」

古庄公寿 氏

の電子顕微鏡による分析に取り組んでいた。フェリチンは中が空洞になっており、ヒトの体内ではそこに酸化鉄を蓄える。それが脾臓にたまり、ヘモグロビンを作り出す。

　従来、フェリチンのサンプルを作成する際には、フェリチンを膜の上に置いて作業が行われてきた。電子顕微鏡で連続傾斜像を撮影して、3 次元像を構築するのだが、膜の厚みが増すと信号が弱くなり構築が困難となる。しかし、脂質ナノチューブに入れれば、回転させても厚さは変化せず、容易に 3 次元像を構築できる。

　さらに電子顕微鏡のサンプルを作成する際には凍結と乾燥が必須となる。膜の上で作業する場合には乾燥時間など細かな調整が必要だが、脂質ナノチューブに入れて作業する場合には外側から水分が蒸発して中身が安定するため、容易にサンプル化できる。「当時、フェリチンを研究していたパナソニックの研究グループと脂質ナノチューブを開発していた国立研究開発法人産業技術総合研究所 (AIST) の双方とイメージングの研究で関係を持っており、大変幸運だった」と古庄氏は笑う。

同法の研究成果が認められ、その後、大阪大学超高圧電子顕微鏡セ
ンター、スウェーデン・ストックホルム大学、韓国科学技術院 (KAIST)、
沖縄科学技術大学院大学 (OIST)、オランダ・マーストリヒト大学で
研究を重ね、現在はブリュッセル自由大学 (VIB 構造生物学部門) でシ
ニアリサーチャーを務めている。

　ブリュッセル自由大学は 2018 年 9 月、日本電子製の電界放出形ク
ライオ電子顕微鏡「JEM-Z300FSC（CRY0 ARM300)」を設置してい
るが、高精度な同顕微鏡と同じクラスのものはベルギーには他に存在
しない。同顕微鏡の使用に当たって古庄氏はサンプル作製のスペシャ
リストとしての役割を担っている。

　VIB では同顕微鏡の使用について、6 割を VIB の各研究グループ
の研究に、3 割を海外のアカデミアに、1 割を企業の研究に割り当て
ることを推奨している。「外部の研究に同顕微鏡を活用するのは、分
析料を獲得するためというよりも、広く開放して研究に役立てたいと
いう意味合いが強い」と古庄氏は話す。

　古庄氏が所属する研究グループでは現在、「分子の経時的な挙動」
をテーマに研究を進めている。例えば、タンパク質とある分子を混合
したときに、タンパク質同士がどのような配座になるか、それがどの
くらいの時間変化で起こるかを電子顕微鏡を用いて明らかにしようと
している。

　そのために現在、開発に取りかかっているのが、半導体などで用い
られるマイクロ流体力学を応用した凍結装置だ。パイプの中に流体を
流して溶液が混ざった瞬間に凍結させる、もしくは時間をおいて凍結
させることで、時間が経過するなかでの分子の動きを観察しようとい
うものだ。

　一方、古庄氏自身としては「さらに分解能の高い画像撮影を目指し
て、脂質ナノチューブを用いた技術の追求を継続し、VIB をはじめ
とするバイオ研究に今後も貢献したい」と話す。

アルベナ・ジョーダノヴァ博士　Albena Jordanova, Ph.D.

アントワープ大学教授／ VIB-UAntwerp　分子遺伝学部門　グループリーダー
VIB-UAntwerp Center for Molecular Neurology, Group Leader

💻 http://www.vib.be
Web http://www.molgen.vib-ua.be/

✉ albena.jordanova@uantwerpen.
e-Mail vib.be

シャルコー・マリー・トゥース病（CMT）という、遺伝子異常による末梢神経疾患がある。1886年にシャルコー、マリー、トゥースの3人によって報告されたもので、世界的には2,500人に1人、日本では1万人に1人の割合で発症するといわれている。日本で

アルベナ・ジョーダノヴァ博士

も国指定難病となっている希少疾患で、いまだに完治させる治療法は見つかっていない。

CMTでは遺伝子異常により神経が正常に機能するために必要な物質が発現しなくなり、結果として神経細胞の軸索やミエリン鞘に異常が生じる。バランス感覚や足の筋力低下、さらには易疲労感、巧緻性（手先の器用さ）の低下などが初期症状として現れ、その後、凹足や扁平足、槌状趾といった足の変形が起こり、歩行に支障を来たすようになる。触覚、温痛覚といった感覚の低下や聴力、視力にも影響をもたらす。

アルベナ・ジョーダノヴァ博士はCMTを完治させうる治療薬の探索に努めている。米国のとある製薬企業が1からCMTの新薬開発を進めているのに対して、博士は「ドラッグ・リパーパシング（リポジショニング）」による既存薬のスクリーニングに取り組んでいる。すなわち世界各地の当局よって承認された様々な疾患に対する薬剤のなかから、CMTにも効果のあるものを探しているのである。

注目すべきは、そのスクリーニングの際のモデル生物としてハエ（マダガスカルフルーツフライ）を採用していることだ。その理由についてジョーダノヴァ博士は「ハエは脊髄と脳があり、意外とヒトの神経系統に近い。病態モデルを作製するとヒトと同じ症状を示す」と説明する。実際に CMT 病態モデルのハエは、CMT 患者と非常に類似した歩行スタイルを見せるという。

　これまでもハエは認知症やパーキンソン病などでモデル生物と活用されてきた。しかし、リンパ腺が直接影響して手足に症状をもたらす CMT をはじめとした疾患領域での有効性を発見したのはジョーダノヴァ博士で、CMT での応用に限れば博士が 2009 年に実施したのが世界初である。

　ハエを用いたドラッグ・リパーパシングはあらゆる面でメリットがある。スクリーニングする既存薬は米国食品医薬品局（FDA）、欧州医薬品庁（EMA）、日本の医薬品医療機器総合機構（PMDA）など世界各地の公的機関によって、安全性が確認されているものである。したがって、新薬が患者に届くまでに通常かかる膨大な時間を短縮できる。さらに「安価で容易に増殖可能なハエをモデル生物として用いることで、時間短縮のほかコスト削減にもつながる」。

　ジョーダノヴァ博士はこれまでに 7,000 の既存薬のスクリーニングを実施してきた。CMT の病状は様々であり、すべてのケースに有効というわけではないが、治療薬候補は既におよそ 10 に絞られている。今後は他のアカデミア、研究機関などと連携し、マウスなど他の生物モデルでの有効性確認などを進めていく方針だ。

　CMT 患者やその家族からの期待は大きく、ジョーダノヴァ博士の研究には CMT 患者協会からの寄付も寄せられている。博士は CMT と類似する領域での本手法の有効性も主張する一方で、「まずは CMT 患者に少しでも早く完治できる治療法を提供したい」と話している。

ブルーノ・グリセールス博士　Bruno Gryseels, Ph.D.

熱帯医学研究所　ディレクター
Institute of Tropical Medicine, Director
 bgryseels@itg.be
e-Mail

ブルーノ・デヤン博士　Bouke de Jong, Ph.D.

熱帯医学研究所
Institute of Tropical Medicine
bdejong@itg.be
e-Mail

https://www.itg.be/
Web

　熱帯病に焦点を当てた研究を行う熱帯医学研究所（ITM）は 1931
年にアントワープで設立された独立機関だ。当時、ベルギーはベルギー
領コンゴ（現 コンゴ民主共和国）を植民地として保有しており、アント
ワープの港にコンゴから引き上げてきた人々からの感染拡大を予防す
ること、およびコンゴでの感染防止などの研究が当初の目的であった。
現在もアフリカや南米、アジアなどの熱帯地域はもちろん、ベルギー
国内における熱帯病感染も研究対象としている。とくに注力している
疾患領域は HIV、マラリア、結核 [1] で、さらにエボラやポリオ、ア
フリカ睡眠病（眠り病）[2] などの研究も進められている。

　ITM には、一般の人々（Population）を対象とした公衆衛生部門、
患者（Patient）に向けた治療法などを扱うクリニカルサイエンス部門、
病原（Pathogenic）を研究するバイオメディカルサイエンス部門があ
る。つまり、3 つの P に応じた部門で構成されているといえる。特

＊1)抗生物質に対する耐性をもつバクテリアが増加しており、感染する人は世界で年間
　　200 万人にまで膨れ上がっている。現在、よく使われている抗生物質「ピラジナミド
　　（PZA）」が、抗体を持っている人にも用いられていることも問題となっている。
　2)ツェツェバエが媒介する寄生性原虫トリパノソーマによって引き起こされる人獣共
　　通感染症。

ブルーノ・グリセールス博士

バウケ・デヤン博士

定の疾患を生物学的、医学的に研究する者に加え、感染拡大防止を専門とする研究者も在籍しているのである。

例えば公衆衛生部門では、アフリカなどを対象とした公衆衛生研究に取り組むだけでなく、ベルギー国内で熱帯病のウイルスを媒介する蚊を監視する研究なども実施している。ITMのバウケ・デヤン博士は「発展途上国における公衆衛生研究で重要なのは、国民の収入などの経済状態に即した策を打ち出すことだ」と強調する。国の事情に応じた公衆衛生対策を実施するためにITMでは、発展途上国から研究者を受け入れ、教育もしている。

昨今の西アフリカにおけるエボラの大量感染では、関係国と連携して感染防止を図っている。とくにギニアとはパートナーシップ契約を締結しており、クリニカルサイエンス部門が、治療支援を実施してきた。ITMのディレクターであるブルーノ・グリセールス博士は「各国の医療サービスの形態などをよく把握して、対応することが重要だ」と話す。ITMでは治療に携わる現地人材の教育やトレーニングについても、そのような観点のもとで実施している。

クリニカルサイエンス部門には治験ユニットがあり、倫理委員会の指導のもと、新たな治療法の開発にも努めている。他の研究機関の研究を評価する機能もあるほか、旅行などから帰国した感染者の処置も実施している。日々外来患者を受け付けているほか、大学病院などに研究者が出向いて治療を行うこともある。

デヤン博士が所属するバイオメディカルサイエンス部門では、パラ

サイト、ウイルス、バクテリアの病原ごとに、診断方法やその基礎研究を実施している。アフリカ睡眠病の研究もその１つである。約6,000人いる患者のほとんどはコンゴ地域に限られており、ITMではGPSなど用いて感染メカニズムを研究している。

　ハンセン病に関しては、コモロ諸島やマダガスカルの研究者とともに共同研究を実施している。両地域は現在でもハンセン病患者が多いことで知られており、共同研究では分子薬学的な視点から、なぜその地域に多く患者がいるのかを突き止めようとしている。病原となるバクテリアの遺伝子解析などを進め、感染経路の解明に努めるほか、治療薬（抗生物質）の予防的投与についての考察も実施している。

　ITMでは結核についても積極的な取り組みを進めており、結核耐性のサンプルの保有量は世界一である。また、ニプロメディカルヨーロッパとともに耐性遺伝子検査「Line Probe Assay」の開発に努めた実績もある。

　ITMでは強みを生かして結核患者の服薬期間の短縮にも取り組み、成果を上げている。グリセールス博士は「その成果はWHOの標準治療基準に採用されている」と誇らしげに語る。

第4章

バイオ関連
企業紹介
（Companies）

バイオタリス
biotalys

リュック・メルテンス　最高執行責任者 (COO)
Luc Maertens, COO

✉ e-Mail　Luc.Maertens@biotalys.com

💻 Web　https://biotalys.com/

　バイオタリスはゲント市にあるVIBのバイオインキュベーター施設内に本拠を置いており、バイオテクノロジーを活用して次世代の作物保護製品の開発を行っている。

　現在、バイオ農薬のほとんどが微生物を用いているが、必要効能レベル、性能における一貫性および信頼性に欠けている。これこそがバイオタリスがもたらしているAGROBODY™の生物活性の変革である。その生物活性は産業規模で酵母に作られるタンパク質である。タンパク質をいかに農業に適用するかという実験は未だ非常に斬新であるが、この技術により化学農薬と同等の効果を得られることが期待でき、人体や環境の両方への安全性が確保できるという追加的な利点がある。

リュック・メルテンス　COO

biotalysロゴ

　高品質の作物をより多く収穫するため、農業従事者は現在、各種農薬を用いて病気や害虫から作物を保護している。化学農薬は未だに最も一般向けの解決策であるが、許容残留量を超えてしまい、化学物質

が作物に残留するという特有のリスクがある。近年、これらの農薬による影響の低減を強く望む消費者の間で、食品安全および環境問題に対する意識が高まっている。こうした懸念に取り組むためにバイオ製剤が現在開発されているが、既存の微生物は必ずしも商業利用に最適とは限らず、それらを利用するための代替方法もない。さらに、世界中で規制環境がより厳しくなっている。企業は投資を増加させているが、今度は開発費用のやむを得ない高騰をもたらした法規制に順守により、開発のより大きな困難に取り組まなければならなくなっている。新たな解決策は、作物の広範な利用の追及である。食糧自給は世界中で、特に発展途上国における人口増加や安全保障の観点から、注目の話題である。どうすれば農薬の基盤を化学製剤からバイオ製剤に転換できるのだろうか。

　非常に効果的なバイオコントロールを開発するために、バイオタリスは2013年に設立され、種蒔きから食卓へといった食品流通＆調達まで、安全で持続可能な食品保護の未来を具体化している。バイオタリスは、Sofinnova Partners（仏）、GIMV、Ackermans & van Haaren、PMV、VIB、Boerenbond（ベルギーの農業従事者の中心団体）、K & E といった著名な投資家を強力なシンジケートとして有する企業である。そして、ディスラプティブ技術プラットフォームであるAGROBODY Foundry™ を共に開発したバイオエンジニア、化学者、生産技術者を含む、10の異なる国籍を有する50人の従業員がいる。

　ツールとしてこのプラットフォームは新規のバイオコントロールの基礎的な研究を可能にするだけでなく、技術プラットフォームとして実質的にいかなる病気・昆虫も繰り返しターゲットとすることができ、製品開発にはなくてはならないものとなっている。一旦、植物の害虫内のターゲット分子が特定されると、AGROBODY Foundry™ のプロセスにより、化学製剤の高い性能および一貫した特性とバイオ製剤のクリーンで安全なプロファイルを兼ね備えている革新的なタンパク質ベースのバイオコントロールの急速な生成が可能になり、従来の

農薬に関しての新しくて複雑な化学分子や合成手順を創り出す必要がなく、収穫前および収穫後の両方の用途のための理想的な作物保護薬剤とすることができる。この技術はプラットフォームとして開発されており、バイオ防カビ剤、バイオ殺虫剤やバイオ殺菌剤となる、症状を越えたバイオコントロールの開発を可能にし、その市場は300億ドル以上と言われている。

AGROBODY™の生物活性は、自然の免疫反応から生じた自然発生の抗体に由来する機能的断片の青写真である。これらの小さなタンパク質は、酵母において完全に制御された有効なバイオ発酵プロセスにより、産業規模での効率的生産のための適切な発現ベクターにてクローン化される。これは、各種業界を越えた数個の用途を有する，周知で一般的に使われる生産プロセスである。酵母生産のホストは、欧州食品安全機関（EFSA）と米国食品医薬品局（FDA）により、食品用途及び餌用途における使用の長い歴史を基にして安全と認められている。研究開発と生産の間のプラットフォームの相乗効果の結果、バイオタリスでは開発サイクルをかなり短くできている。例えば、化学物質の開発には平均して12年かかるが、バイオタリスのプラットフォームならば、たった8年しかかからないのである。これは、気候の変動と急速に変化する環境に直面して不可欠である、実質的に低いコストで市場に出るまでの時間が早くなることを意味している。

具体的には、まずターゲットとする昆虫、細菌や真菌に対して特定するAGROBODY™の生物活性を生成する。続いてターゲットの特性や環境への潜在的影響に対する生物活性の有効性をスクリーニングするが、生産コスト、安定性等の条件も考慮にいれることになる。そうすることで、何百万ものAGROBODY™の生物活性から5〜10程度に絞っていくのである。次の段階では、農地や温室で試験を行い、更に生物活性の数を絞り込む。酵母を用いることにより、規模を拡大し生産に移ることができるのである。

AGROBODY™のバイオコントロールをこのように開発した事例

として、イチゴやブドウ、その他の主要果物がかかってしまう灰色かび病やうどんこ病に対する BioFun-1 がある。このバイオコントロールにより、微生物を用いた農業用殺虫剤に比べてより効果的に病気発生が低く抑えられ、化学農薬と同等の有効性にも至っているのである。食品廃棄物も 70％低減することができている。また、AGROBODY™のバイオコントロールを各種農薬のローテーションに組み込み、一部のみ化学農薬を AGROBODY™ のバイオコントロールに置き換えたところ、収穫された果物の化学残留物を 40％減らすことができていた。

　AGROBODY™ のバイオコントロールは、化学農薬に相当するが、環境に対して悪い影響はなく、現在の農業従事者の実践や耐性発現に対抗する新しい作用機序を提供する総合ペスト対策管理プログラムに非常に適合するという、有効性を発揮することができる。完全有機栽培の場合、農業従事者にとっては各種バイオ農薬の組み合わせを考慮することが重要である。

　製造プロセスはその規模を順調に産業規模へと拡大している。バイオタリスの製品は知的財産としても多くの価値を得ており、他のバイオ製剤とは対照的に、AGROBODY™ の生物活性は特許性のあるイノベーションと考えられている。すなわち、ライセンスアウトの見込みがある注目に値する市場があるということである。バイオタリスは現在、米国において生化学農薬として分類されている市場に製品を投入するよう準備中である。EFSA による「低リスク分類」の申請をする予定でもある。そして、最初の登録書類一式を 2020 年に提出予定である。

　バイオタリスでは日本での事業を開始するために、規制当局の承認のための必要手続きを行い、製品発売に向けて日本の研究開発企業との関係を築き始めている。

　世界的に農薬市場は 540 億ドルを超えているが、有機栽培法で用いられるものはその４％に過ぎない。それらの中で、日本における抗生物質を使用するバイオ製剤は 50％を超えており、その他は植物エ

キスやフェロモンなどである。バイオタリスでは、野菜や果物をはじめとして、茶葉や広大な農地を使う作物商品を含む有機栽培法を従来採用することが難しかった市場への展開も視野に入れている。

　バイオタリスの斬新な技術プラットフォームを基に、新規の作用機序を有する効果的で安全な製品のユニークな供給経路を開発しており、食品のバリューチェーン全体にわたって主要な作物の害虫や病気に取り組んでいる。バイオタリスの製品により、農業従事者は収穫後の保護にも拡張し食品廃棄物を減らしつつ、信頼できてコスト効率の良いツールをが期待できるのである。

プロダイジェスト
ProDigest

マッシモ・マルゾラティ　CEO	
Massimo Marzorati, CEO	
✉ e-Mail	Massimo.Marzorati@prodigest.eu
エルス・ブルヒュースト　日本代表	
Els Verhulst	
✉ e-Mail	Els.Verhulst@prodigest.eu
💻 Web	https://www.prodigest.eu/en

ゲント市のバイオ技術分野の工業団地を本拠地とするプロダイジェストは、人間と動物の消化管の独自の実験用モデルであるシャイム（Simulator of the Human Intestinal Microbial Ecosystem：SHIME®）の開発における主導的企業である。生体内研究を補完するこれらのモデルにより、活性物質の腸での末路、

マッシモ・マルゾラティ　CEO

代謝、バイオアベイラビリティに関連する、腸のプロセスにおける独自の洞察を得ること、また制御された条件下での完全な腸の微生物叢、またそれの人間と動物の健康との関係の調査ができる。

　プロダイジェストは、世界に約 350 の顧客（多くはお得意様）を抱えており、年間約 200 件のプロジェクトの依頼を受けている。

　SHIME® の技術基盤は、消化管の主要な部位を模した 5 つの反応器、つまり、胃、小腸と 3 つの大腸の部位で構成される。そのシステムに食物が 1 日 3 回投入され、続いて反応器を通過する。反応器内の

条件は、生体内のそれを疑似しており、それは例えば、胃に塩酸、小腸に膵液と胆汁酸を投入する、また便サンプルの提供者の大腸の微生物群を保持することによってである。サンプルは、消化管の各部位から採取できるため、食物、微生物、薬品の化合物が時の経過に伴い、どのように代謝や分解されるのかを調査できる。サンプルはまた、宿主レベルでの治療効果の評価のために、他の細胞モデルとの組み合わせも可能である。

　本機器は、腸の生理機能を表す条件下で、消化管で起こることをシミュレートするため、また、より長期的な消化管を表す条件下で、任意の生成物の反復的な摂取の影響を調べるために理想的である。最も重要なことは、SHIME® で得られる結果は生体内でも再現可能であるということである。本基盤は、生体内で容易に近づけない腸の部位における生成物の作用機序を評価することができるという、類のない優位性を提供する。

　プロダイジェストは、ゲント大学の微生物生態学・技術研究室 [The Center of Microbial Ecology and Technology (CMET)] から独立し、10 年にわたる微生物生態学と反応器技術の研究所での専門知識を十分に活用し、創始者である、サム・ポッセマイヤー氏、マッシモ・マルゾラティ氏、ウイリー・ヴァーストラエット氏の 3 博士の主導により、2008 年に活動を開始した。当初の手動型 SHIME® システムは現在、コンピュータ制御で自動化された新型機器となり、上述のように、プロバイオティクス、プレバイオティクス、栄養補助食品、化学薬品を使用した治療効果を評価するため、世界中の顧客によって使用されている。実測評価項目は様々であり、テストする製品の性質次第である。例としては、上部消化管を通過する間のプロバイオティクスの生存、大腸内での食物繊維の発酵と短鎖脂肪酸（SCFA）の生成、栄養素のバイオアクセシビリティー／バイオアベイラビリティ、薬品安定性、薬品と微生物の相互作用がある。実際にプロダイジェストは、科学的成果とコストの最適化のため、顧客が計画したプロジェクトに

協力している。これに関し、SHIME® の技術基盤は、柔軟性が高く、リード化合物を同時に分析し、研究開発パイプラインの前臨床段階を改善する、多様な実験計画を念頭に置いている。この技術を様々な活性物質の検出に使用することで、コストを大幅に抑えながら、効率的に最善の手がかりの選択ができる。

2003 年以来、プロダイジェストは、第三者の施設への SHIME® の設置も行っており、累計販売数は全世界で 15 システムにのぼる。さらに、当社は現行モデルの改善、および新モデルの開発を絶えず行っている。

さらに 2018 年、日本市場に対応するため、プロダイジェスト日本事務所を開設、市場開拓の専任者を置いた。また、日本語が話せるスタッフも在籍し、日本での拡販に意欲的に取り組んでいる。

ADx ニューロサイエンシズ

ADx NeuroSciences

クン・デワーレ　CEO
Koen Dewaele, CEO

✉ **e-Mail** koen.dewaele@adxneurosciences.com

ポール・アッペルモント　CBO
Paul Appermont, CBO

✉ **e-Mail** paul.appermont@adxneurosciences.com

💻 **Web** http://www.adxneurosciences.com/

　ADx ニューロサイエンシ
ズは、フランダースの草分け
的なバイオテック企業として
1985 年に設立されたイノ
ジェネティクスがルーツのベ
ンチャー企業である。みらか
ホールディングスの臨床検査
薬事業子会社、富士レビオが
2010 年 9 月に米アボットか

クン・デワーレ　CEO

らイノジェネティクスの全株式を取得し、その後の事業再構築に伴う
研究開発の見直しが契機となって、アルツハイマー病（AD）の体外診
断薬を中心とする事業を継承する形で 2011 年 9 月に ADx ニューロ
サイエンシズが発足した。アルツハイマー病を早期に診断する新規バ
イオマーカーの探索研究や診断薬の開発にフォーカスしているが、脳
科学を対象に他の神経変性疾患にも事業領域を広げていくという意味
を込めて、社名に小文字の「x」を付けた。

　アルツハイマー病の世界における患者数は 3,500 万人（2017 年）と
推計され、認知症の 5 割以上がアルツハイマー型である。高齢化を

背景に患者は増加し、深刻な社会問題になっているものの、症状の進行を抑制する薬はあるが根治薬はなく、治療満足度の低い疾患の代表格に位置付けられている。原因はいまだ十分に解明されていないが、病理学的な特徴として、アミロイドベータ（Aβ）と呼ばれる不溶性タンパク質の凝集である「老人斑」や、Tau（タウ）タンパク質が異常にリン酸化された「神経原線維変化」がみられる。これらを脊髄液から調べる検査や、画像診断装置で脳の委縮をみる検査が行われているが、発症初期の診断や予測は難しい。

　ADxニューロサイエンシズは、Aβ、Tauタンパク質に加え、脳のシナプス障害にかかわる新規バイオマーカーに着目した検査法や診断薬の開発に取り組んでいる。クン・デワーレCEOは「製薬企業は早い段階でアルツハイマー病の進行を止める医薬品の開発を目指しており、早期診断や予測のための新規バイオマーカーが必要」と指摘する。Tauタンパク質やAβをマーカーにする検査薬はすでに一部の市場に出ているが、Tauタンパク質に関してより精度の高い進化バージョンの開発を進めており、シナプス障害関連マーカーの検査との2本柱でまず事業を本格化していく計画である。脊髄液ではなく血液で調べられるマーカーを目指しており、イノジェネティクス時代にその基礎を築いた。「血液を検体にできるようになれば、アルツハイマー病診断の臨床価値はとても高くなる」と指摘する。

　同社の目標は「新しいアルツハイマー病診断でマーケットリーダーになる」ことだが、同社自体は新規バイオマーカーの探索、検査薬・キットの前臨床および臨床開発までの段階に特化し、承認取得の作業や市場投入は、ライセンス契約を結んだ体外診断薬企業に委ねるというビジネスモデルを描いている。診断薬の主要な原料となる抗体の製造、研究開発、マーケティングなどのネットワークを構築していくことも課題で、デワーレCEOは「日本市場はとても重要と認識しており、日本のアカデミアや企業とのパートナーシップを築きたい」と話す。

ノビタン
Novitan

トマス・オキエー　CEO
Thomas Ockier, CEO

 e-Mail　thomas.ockier@novitan.com

Web　https://www.novitan.com/en

　ノビタンはフランダース州の中心部、モールスレーデ市に本拠を構え、同所はオランダ（欧州医薬品局）、イギリス、フランス、ドイツといった近隣諸国間の戦略的な位置にあり、創業 26 年で構築したグローバル調達網を駆使して医薬品を必要な時に必要な場所へ、適正な価格で届ける事業を展開している。

トマス・オキエー　CEO

　ノビタンは 1992 年に設立され、2015 年に現 CEO のトマス・オキエー氏が買収した後は完全なる家族経営を行っている（年商は約 5,000 万ユーロ）。40 人の従業員は医者、薬剤師、弁護士、ビジネスエンジニアなどから成るハイプロファイルの専門家集団で、家族経営ならではの意志決定の速さも強みとなっている。臨床試験や研究開発分野を中心に事業を展開しており、取扱い商材は数千に及ぶ。そのうち約 3 分の 1 ががん治療薬、その他様々な治療用となっており、とくに付加価値の高い次世代医薬品の品揃えに注力している。欧州を中心に 40 以上のクライアントを抱えており、そのほとんどと 10 年以上の取引を続けている。

　「（同社の業容について）商社と呼ばれるのは好きではない」というの

は、臨床試験における医薬品供給プロセスが非常に複雑であるためだ。臨床試験の現場では従来、比較対象にプラシーボを用いていたが、近年では競合他社の既存製品を用いるコンパラティブサプライという新たな手法の導入が進んでいる。しかし、開発は競争であり、製薬会社は競合他社に自社の薬を供給することを拒む。すると開発が遅れ、多大な損失につながる。そこで両者の間を取り持つのが同社だ。売り手にも買い手にもなる立場を活かして双方に利する方法を見つける裏には「それぞれのストーリーがある」という。

今日、世界の臨床試験市場は年率13％以上の勢いで成長を続けている。以前は一地域だけで行われていた試験が地域別（アジア）、患者の属性別（中年男性、小児、妊婦など）など、様々なグループへ細分化され、試験数が増えているためだ。

臨床試験では新薬（調査薬）をテストし、既存の標準治療（比較薬）またはプラセボと比較する必要があるが、今日の製薬会社は、主に商業市場向けに下請け業者とジャストインタイムで生産しており、在庫を抑えているため必要最低限の量しか生産していない。そのため、サプライチェーンは非常に脆弱であり、しばしば医薬品の不足につながり、市販薬を調達して試験で比較することは非常に困難である。ノビタンは、これらの比較薬と他の付加価値サービス（保管、流通、ラベル付け）の提供に特化しており、最終的により良い治療法につながるよう、患者の生活を助ける試験を支援する上で重要な役割を果たしている。

臨床試験では適切な薬を被験者に与えることが最も重要で、比較対象となる既存薬品の購入費用は試験予算全体の約半分を占める。臨床試験では一日の遅れが大きな損失につながることもあるため、既存薬品の調達には柔軟性が欠かせない。そこで同社の医薬品供給サービスの出番となる。より低コストかつ適切なタイミングで、必要とされる場所への供給を実現するためには、製薬会社や商社などと構築したグローバル調達網や、各国法規制への対応に加えて、品質管理体制が重要であり、ノビタンはとりわけ力を注いでいる。厳格な温度管理など

によるGDP準拠の物流体制を整えており、今後は外注していたパッケージング事業も内製化する計画だ。

　倉庫についてはベルギー、クロアチア、ラトビアに有しているほか、2020年の完成を目指して、フランダース州のコルトレイク近郊に1,500m^{2}規模の臨床試験ラベリング生産の倉庫を建設中である。さらに欧州域外へ事業を拡大するため、2019年に日本と米国に拠点を設立する計画もある。「品質がDNA」と語る同社にとって「とりわけ厳しい水準が要求される日本市場での事業機会は大きい」として期待を寄せている。

　ノビタンのように、臨床試験分野における医薬品供給ビジネスを手掛ける企業は世界でも少ない。同社は同分野では欧州で有数の企業であり、同様の業態ではベルギー唯一の存在となっている。さらなる成長に向けて臨床試験分野における高付加価値薬品のパッケージング業者などの企業買収を狙っており、がん治療分野の院外処方の受託など新規事業にも興味を示している。

アカデミックラブズ
AcademicLabs

アルネ・スモルダーズ　CEO
Arne Smolders, CEO

 e-Mail　arne@academiclabs.co

Web　https://www.academiclabs.co/

アカデミックラブズはゲント市内に本拠を置き、生命科学分野の欧州、米国、アジアのアカデミア（大学300校）と企業とをつなぐ情報とマッチングのプラットフォームを提供している。そのサービスは同社が保有するデータベースを用いて最新の研究情報の入手や研究者との直接的な情報共有を実現

アルネ・スモルダーズ　CEO

するもので、広く研究パートナーを求める企業と研究成果を産業適用したいアカデミアのニーズを合致させる世界初のビジネスモデルといえるだろう。

　同社が提供する情報プラットフォームは、アルネ・スモルダーズCEOが博士課程の学生として研究に携わっていた際に着想を得て開発したものが原型となっている。同氏が大学の起業コンテストで優勝した際の賞金を利用して2015年に起業したのがアカデミックラブズだ。

　開発の背景にはアカデミアで取り組まれている最先端の研究に関する情報を他者が容易に入手できない状況がある。ウェブ上で入手できる情報は既に発表され過去のものとなった情報であり、また大学や研究機関が発する情報は広大なウェブ空間に散在してしまっている状況

第4章　バイオ関連企業紹介（Companies）

121

である。例えば大学にはいくつもの研究グループがあり、それぞれがウェブサイトを持っている可能性がある。研究のパートナーを探したい企業はしらみつぶしにそれらのウェブサイトを調べるしかなく、また見つけたところで連絡を取るにも手間と時間がかかる。非常に効率の悪い作業となっている。

こうしたニーズを掬い上げ、分散したアカデミアの情報を1カ所に集めて提供するのが同社の情報プラットフォーム「アカデミックラブズ」で、検索エンジン、PR、ソーシャルネットワークの3役を担う。研究者はアカデミックラブズにこれまでの実績や現在取り組んでいる研究内容、連絡先などのプロフィールを無料で掲載でき、他の研究者の情報も閲覧することができる。一方で企業や政府機関が情報閲覧の対価を払うというのが収益構造の基本的な仕組みである。無料会員であっても一定量の情報を閲覧することができるが、有料会員の企業は検索エンジンのフィルタリング機能を用いて任意のテーマに関する技術や研究者などの情報に容易にアクセスでき、研究者と直接連絡を取ることができる。

アカデミア側にも様々な利点がある。情報提供側の有料オプションとして、無料閲覧コーナーに情報を公開できるサービスもある。無料の情報は企業や政府機関からのアクセス頻度が高いため、研究者はより強く存在感をアピールすることができる。この有料オプションサービスには大学の研究グループの情報を集約したホームページの作成やチャット、"足跡"機能（自身のページの訪問履歴を知ることができる）も含まれる。公開情報は自身で容易に更新することができ、公開範囲もワンクリックで選択できる。これまで多大な労力を費やしていたホームページ作成の負担が軽減されるほか、直接的な連絡手段を得ることができるなど、研究成果を世に出したいと願う研究者にとっては「有効なマーケティングツールとなる」と自負する。さらには研究機関内における情報共有や設備利用の効率化を図るといった目的で使うこともできる。

アカデミックラブズの肝となるデータベースには企業、アカデミア、病院、NPO などあらゆる関係者の情報が入っている。対象地域は欧州が中心だが、エイジング（老化）のトピックについてだけは全世界を対象とした情報を網羅している。10 名の従業員と 30 名の契約社員が情報収集にあたっており、2019 年には欧州のトップ 250 大学、全米 1 万の大学、アジア 2,000 の大学の情報網羅を達成している。

　利用料金の設定は企業向けには 2,000 〜 5 万ユーロで、大企業の場合は 1 ライセンス当たり 5 人まで利用できる。大学向け有料オプションサービスは 1,000 ユーロ程度で、大型案件については数万ユーロ。同サービスは「業界初の非常にユニークな試み」であり、多くの大手製薬企業やフランダースバイオをはじめとした世界 20 の生命科学クラスターが興味を示しているという。2019 年にすでに市場投入しており、まずは大手製薬企業を対象に売り込む。そしてその実績を足がかりに利用者数を拡大していく戦略だ。

デクレルク&パートナーズ
De Clerq & partners

アン・デクレルク　欧州・ベルギー弁理士
Ann De Clercq, Ph.D., European & Belgian Patent Attorney

 e-Mail　ann.declercq@dcp-ip.com

アンドレイ・ミシャリク　欧州弁理士
Andrej Michalik, Ph.D., European Patent Attorney

e-Mail　andrej.michalik@dcp-ip.com

Web　https://www.dcp-ip.com/

デクレルク&パートナーズは、特にライフサイエンスやバイオテクノロジー分野に強みを有する特許事務所で、2019年1月に創業20周年を迎えた。ベルギーをはじめとして欧州、米国、日本など各地の知財関連機関にアクセスできるネットワークを有しており、グローバルに事業を展開している。

本社外観

　同社はゲント市にほど近い高級住宅街、シント・マルテンス・ラーテムに本社を構え、ルーヴェンとハッセルトに支店を置く。アン・デクレルク氏はゲント大学で植物分子生物学の博士号を取得した後、欧州の特許事務所やベルギーのバイオテクノロジー企業の知財担当を経てアンドレイ・ミシャリク氏と共同で同社を設立した。3人の弁理士で事業を開始して以来、ベルギーのライフサイエンス・バイオテクノロジー企業とともに成長を遂げてきた。2012年には、商標、デザイン分野で豊富な実績を有する同業他社を買収している。クライアント

数は 16（設立当時）から 600 以上（2018 年）へ増加し、年間 1,430 万ユーロを売り上げている。MIP ランキング[1]では、同社がここ数年間 1位を独占しているほか、2019 年にはベルギーの知財専門誌[2]により、国内で最も優秀な事務所として認定されている。IAM Patent 1000[3]の推奨も得ており、欧州でもトップレベルの存在として認知されている。

　従業員 50 人弱のうち、弁理士（21 人）と特許アドバイザー（2 人）は科学分野での博士号と企業での豊富な実務経験を有している。ライフサイエンス、バイオテクノロジーはもとより、工業、化学、生物学を柱とする幅広い領域のテーマ[4]に対応する多国籍、多学際領域の専門家集団だ。クライアントにはグローバルでの営業網を有する大企業、多国籍企業をはじめ中小企業、大学や研究機関、スピンオフやスタートアップ、投資家などを抱える[5]。

　同社では、特許、商標、デザイン、ドメイン名の登録という 4 つの柱に加えて、クライアントや他事務所の弁理士に対するトレーニングサービスや、事業戦略立案サービスも提供している。ベルギー国内はもとより米国や日本の企業など、クライアントの代理として欧州特許庁（EPO）への特許出願を行ったり、欧州の法廷での係争など年間7,000 以上の案件を扱っている。登録要件、第三者監視、FTO 調査[6]など、全方位の検索サービスを提供するほか、データマイニング、デー

＊1）イギリスの雑誌"Managing Intellectual Property" によるランキング。特許成立件
　　数やクライアントへの満足度調査などから優れた特許事務所を選出する。
　2）"Leaders League Innovation & IP Awards"
　3）イギリスの雑誌"Intellectual Asset Management" によるランキング。
　4）プロセス＆反応設計、航空輸送、ソフトウエア、センサデバイス、医療機器、生物情報
　　科学、免疫学、生物化学、医薬、農業化学、塗料、高分子化学など。
　5）クライアントリストには、Brouwerijen Alken-Maes、ゲント大学、シスメックス、ビ
　　オカルティス、リマインド、トタル、3M、P＆G などが名を連ねる。
　6）他社の知的財産権を侵害することのないよう、商品開発などの前に行われる特許情
　　報調査。

タ分析に加えて、同社のオンラインネットワークを通じて CAS（米国化学会）や STN（化学情報協会）へもアクセスできる。

　同社ウェブサイト上では独自開発の特許管理ユーザーインターフェース「クライアントゾーン」を運用している。クライアントはここで特許の管理や訴訟に関する業務を円滑化・効率化することができる。出願案件の進捗管理、各種情報の整理、訴訟や会計に関する報告書の作成、各種手続きの締切りを通知する E メールによるリマインド機能などがあり、ワンクリックで EPO のデータベースにアクセスすることもできる。

　トレーニングサービスでは、大企業などのクライアントに対するマンツーマンでの業務補佐、クライアントのニーズに合わせた内容のセミナー開催、第三者機関によるセミナーの企画、大学での講義などを行っている。事業戦略立案サービスでは、経営経験の乏しいスピンオフやスタートアップ、新規市場への参入を目指す企業などを対象に、同社が代わりに事業戦略を立案したり、立案の支援を行ったりしている。

　医薬品、ライフサイエンス、バイオテクノロジー分野では、技術の流出、盗用など知的財産の侵害が重みを増している。中国や東欧などの後発参入組においても特許による知財保護の取組みが強化されており、国際裁判も増加している。こうしたなか、同社はさらなるクライアントの拡大に向けて世界各地での PR 活動を強化している。「開拓の余地が大きいポテンシャル市場」として、ライフサイエンスやバイオテクノロジー産業が伸びている日本にも熱い視線を送る。バイオジャパンなどの見本市への出展などにより新規クライアントの獲得を目指すとともに、欧州で経験を積みたい日本の弁理士に対するトレーニングサービスの提供も計画している。

オントゥフォース

Ontoforce

ハンス・コンスタント　CEO & 創設者
Hans Constandt, CEO & Founder

 e-Mail　hans@ontoforce.com

ペーター・ヴュレイクト　シニアストラテジックアカウントマネージャー & 共同創設者
Peter Verrykt, Senior Strategic Account Manager & Co-founder

e-Mail　peter.verrykt@ontoforce.com

Web　https://www.ontoforce.com/

オントゥフォースはゲント市内に本拠を構えるインターネット検索ソフトウエア製造会社である。研究者や病院関係者、企業向けに、情報検索を効率化する検索エンジン「DISQOVER（ディスカバー）」と、その導入支援サービスを提供している。2012年に設立された同社の従業員は30人で、年間160万ユーロの売り上げがある。

ハンス・コンスタント　CEO & 創設者（右）、ペーター・ヴュレイクト　シニアストラテジックアカウントマネージャー & 共同創設者（左）

IoT化を背景としたデータ量の増大は医療における革新を加速させる方向に働きもするが、情報の海から価値ある洞察を導き出すことは容易ではない。同社が提供するディスカバーを利用すれば、ライフサイエンス、バイオテクノロジー分野のビッグデータを縦横無尽に活用して所望の情報を効率的に抽出することができる。同社は薬の開発から患者への適用に至るまでに関わる情報収集を効率化することで、「医療の発展に貢献したい」としている。

ディスカバーの情報量は無限大で、クラウド上のプラットフォームを通じて常に最新の状態に更新される。スマート技術ではあるが、ディープラーニングやAIほど複雑なものではない。検索時点で入手可能な情報を関連付けるものであり、検索結果に貢献しているのがどの情報源なのかを特定できるオープンな仕様となっている。検索結果の共有や、協働での検索も可能である。

　ユーザーは最初、データが何も入っていない空箱のような状態からスタートする。関心のある分野などを登録することで自分仕様にカスタマイズし、固有の情報プラットフォームを確立していくことになる。同社が提供するクラウド上でのコーチングセッションを経て、ユーザーは通常3日間でディスカバーを使いこなせるようになる。同社はまた、経営陣・技術陣のための意味論の指導、実習、データ解析と構築、データ統合セッションなどのワークショップも提供している。

　企業内でのデータ統合はもとより、データセキュリティに関する潜在的な問題を考慮すれば、社内データと社外データを1つのプラットフォーム上でリンクさせるのは容易な作業ではない。例えば病院では、健康保険や臨床データなどの患者情報はすべてリンクされる必要があるが、現場ではすべて異なるデータベースに保存されており、異なるアプリケーションからしかアクセスできない状況にある。製薬会社やバイオテック企業における研究開発プロジェクトにおいても同様の不都合があり、情報を効率的に管理・閲覧したいというニーズがある。

　ディスカバーはオンライン的な側面とオフライン的な側面の双方を持つものであり、社内外のデータを簡単に統合することができる。社内データの統合については、同社のデータサイエンティスト[1]とドメインの専門家が支援、または主導してくれる。つまりディスカバーをインストールすれば、ローカルデータを容易に統合し、スマート認証機能を通じて公共データにも安全にアクセスできるようになるので

＊1)ライフサイエンス・バイオテクノロジー分野の科学者でもある。

ある。

　例えば病気についての医師の説明が難解で患者が理解できない場合、ディスカバーを使えば患者が理解しやすい表現を検索することができるし、また他の病気との関連性を調べることもできる。リンクをたどっていくことで関連する臨床試験情報、さらには薬を構成する分子レベルの情報にまでアクセスすることができ、病気に対する理解を効率的に深めることができる。

　「すべてのユーザーを優れたデータサイエンティストにすることができる」というある企業では、ディスカバーを導入したことにより業務効率が飛躍的に向上し、20人いたデータサイエンティストを1人に削減することができたという。ディスカバーは現在、グラクソスミスクラインなどの大手製薬企業8社にライセンス提供されているほか、6～7社でトライアルが実施されている。これまでにトライアルを実施した企業の9割が正会員になったという実績がある。一方で誰でも使える無料のプラットフォームも用意されており、アカデミアから産業界にいたるまで何万人もが利用している。同社ではこうしたフリーユーザーを「クライアントに変えていきたい」と意気込んでいる。

　また近年、同社はライフサイエンス・バイオテクノロジー分野に加えて金融分野へも事業領域を拡げるなど急成長を遂げており、2018年11月には企業の成長率などを評価する「スタートアップオブザイヤー」を受賞している。現在は主要な顧客基盤を米国に有しており、2018年末には米国・ケンブリッジに事業開発のための営業拠点を設立したところである。2019年にはヘルスケア市場の成長が著しいアジア市場への進出を計画している。

V−バイオ・ベンチャーズ
V-Bio Ventures

クリスティーナ・タッケ博士　マネージング・パートナー
Christina Takke, Ph.D., Managing Partner

 e-Mail christina.takke@v-bio.ventures

ウィレム・ブルカート博士　マネージング・パートナー
Willem Broekaert, Ph.D., Managing Partner

e-Mail willem.broekaert@v-bio.ventures

Web https://v-bio.ventures

　Ｖ−バイオ・ベンチャーズはゲント市内のシント・デアイス・ウェストレムに本拠を構える投資ファンドである。欧州のライフサイエンス分野における有望なスタートアップを見出し育成することで、欧州ライフサイエンス産業の発展を支援している。

　急成長する欧州のライフサイエンス産業のエコシステムは複雑なため、域外の投資家がアクセスすることは容易ではないが、同ファンドを通じれば最新の情報・知見を得ることができる。アンテナを広げて有望な事業パートナーや買収案件を探そうという製薬企業などの戦略的投資家にとっては利用価値が高いはずだ。

クリスティーナ・タッケ博士

ウィレム・ブルカート博士

　同社は大学の研究室の科学者が２〜３人で始めるようなスタート

アップを支援する、いわゆる小規模ファンドに分類される。設立者の1人であるクリスティーナ・タッケ博士は、ドイツで神経学の博士号を取得した後、研究成果を世に出したいとの志しから、まずは投資経験を積むために銀行に入社し、起業経験を持つウィレム・ブルカート博士とともに2015年にこのファンドを立ち上げた。同社の使命はスタートアップが成功する土壌を整えることであり、これを端的に表現する言葉として、タッケ博士はアイルランドの詩人、オスカー・ワイルドの言葉「成功は科学なり。条件が整えば成果は出る」を引用する。大学で行われた研究はスタートアップという媒体無しでは社会実装されることはない。そこで同ファンドが科学者と投資家を結びつけ、成功に向けた道のりの最適化を図ろうというのである。「企業が成長すれば基金も成長し、ひいてはライフサイエンスのエコシステム全体が成長する」と語る。

　投資の対象領域は農業、診断、医薬品開発分野で、ベルギー国内のみならず欧州域内の大学や研究機関、製薬会社内の発明など年間300件ものビジネスプランに目を通す。投資資金の回収手段（エグジット）としては株式公開（IPO）やM&Aによる他の株主への売却等の手段があり、買い手となる製薬企業のニーズを探ることでマッチング率の向上にも努めている。投資家にはフランダース政府、民間企業や学術機関が名を連ね、基盤は欧州を中心に世界各国におよぶ。第1期ファンドでは7,600万ユーロを調達した。現在、積極的に投資しており、過去2年半で10社の設立を支援している。2020年末までには合計で15のポートフォリオを構築する計画だ。

　リスクも高いがリターンも高いのがベンチャーキャピタルだ。社員5人の小さなチームでありながら、同社が数あるベンチャーキャピタルと一線を画しているのは、幅広いネットワークによるところが大きい。特にVIB[1]とは独占的な提携関係にあり、その研究パイプラインなどを通じて投資対象を選定するため、投資効率は極めて高い。VIBのような機関は欧州には他に存在せず、VIBのアドバイスを受

第4章　バイオ関連企業紹介（Companies）

131

けながらポートフォリオ[2]を選ぶことで、回収見込みの高い、筋の良い投資対象を揃えることができる。

　ポートフォリオのバランスにも配慮がなされている。開発品の分野、開発の進捗度合いを分散させるとともに、投資資金についても1ポートフォリオ当たりファンド全体の15％以下に抑えている。小さなチームであるため、スタートアップの成長に合わせて柔軟に支援を講じることができる点も強みの1つである。さらに、起業や経営のノウハウを持たないスタートアップに対し、時にV－バイオ・ベンチャーズがCEOとして参加するなど一緒に企業を育てていく点にも特徴がある。

　現在、同社は第2期ファンドの組成を計画しており、2021年以降始動予定で、例えば日本の投資家も含めて「新規の投資家を獲得したい」と投資家基盤の拡大に意欲を見せる。さらに投資領域の拡大にも取り組んでおり、未発達の学問テーマ、なかでも認知症治療の進化に寄与する免疫学と神経学に注目している。

＊1)第1章4項参照。1,500人の科学者、20人のテクノロジー・トランスファー・オフィス（TTO）プロフェッショナルを擁し、ライセンスやスピンオフなどアカデミアの活動すべてを統括している。
　2)安全資産と危険資産の最適な保有比率のこと。

アントルロン

Antleron

ヤン・スクローテン　CEO
Jan Schrooten, CEO

 jan.schrooten@antleron.com

📺 https://www.antleron.com/

アントルロンはテ・・ラーメイド
型再生医療の設計開発を行うベン
チャー企業で、ルーヴェン市内に
ある VIB のバイオインキュベー
タ内に本社とラボを置く。

社名のアントルロンはアントラー
［antler］とオン［on］からなる造
語である。毎年生え変わる鹿の角
が再生医療を表し、オンには人工

ヤン・スクローテン　CEO

組織をボタン 1 つで作成するという意味が込められている。

ルーヴェンには世界で最も早く 1990 年代から肝細胞の研究に取り
組んできたという歴史があり、3 D プリンティング技術もこの地で生
まれた。現在も3 D プリンティング技術のトップ企業2社（マテリア
ルズ社と3 D システムズ社）が本拠を構えている。こうした環境のなか、
アントルロンはルーヴェン・カトリック大学内で立ち上げられたラボ
を前身として、同大学で 20 年間のアカデミックな経歴を経たヤン・
スクローテンにより 2014 年に共同設立された。

3 D プリンタやバイオリアクタなどを用いた再生医療技術によるテー
ラーメイド医療の実現に取り組んでおり、再生医療の素材（biomaterials）
とそれを作成するためのシステムの設計開発を手掛けている。

現在行われている平均的患者を想定した画一的な医療に対し、テー

ラーメイド医療は患者それぞれの個人差に立脚した医療であり、次世代医療として早期の実用化が望まれている。未だ確立された手法はないため、まずどういった治療を行うのかを検討することから始め、ヒト細胞組織、生体材料、生物製剤など使用する医療品の開発、およびその製造についても同時進行で設計開発しなければならない。同社はこれらの青写真を描くのと並行して、バイオテクノロジー企業や装置メーカー、製薬企業、医療機関などパートナー企業を多方面から募り、目標達成に向けて関係者をまとめあげていく。例えば３Ｄシステムズ社と 長期にわたるパートナー契約を締結しているが、バイオプリンティングを試みている彼らにとって、最先端の技術や情報が集まる同社は「開発ハブ」の存在ともなっている。

　実際の業務は、社内で基礎研究とコンセプトの証明を行い、得られた成果にふさわしいパートナーを見つけて製品化し市場投入を目指すという流れで進められる。スケールアップ段階にある他社製品のGMP活動を支援することもあるし、ときには社内で開発した素材を企業へ提供することもある。しかしあくまでも標榜するのは提案型の研究開発ベンチャーであり、受託企業ではない。アントルロンならではの柔軟さ、機動力を発揮することで、最先端であるために事業化のリスクが高い再生医療分野において、滞りがちな研究開発を推進することができる。これら複雑かつ多岐にわたる業務を 13 名の従業員でこなしている。バイオリアクタを用いて人工的に組織を作る概念の実証に成功している。現在は軟部組織の製造プロセスやバイオリアクタを制御するための AI の開発などに取り組んでいる。

　アントルロンが目下力を注いでいるのは、物理的な「開発ハブ」となるラボ「バイオハブ」の建設である。AI と新規ワクチンの企業（この２社は同社を補完する立場）との３社共同プロジェクトで、３Ｄプリンタやバイオリアクタなどを導入し、共同開発の場とする。設備もノウハウもあらゆる資源を３社間で共有することで、１社ではできない新しいことに挑戦していく狙いだ。また同社は、このラボを学生のた

めの共同開発に関するトレーニングの場としても活用する。様々な中小企業と共同で研究開発に取り組むことは、学生に多くの学習機会を提供する。一方、ここで複雑性への対応力を身につけた学生に対する採用活動を行うことができるという利点もある。

　まずハコを作ってから企業を呼び込む官主導のトップダウン式インキュベータとは異なり、バイオハブはボトムアップによる取組みだ。古い建物を購入して「全て自分達で作り上げていくこのやり方は他の例にも適用できるだろう」とヤン・スクローテンCEOは自負する。バイオハブは小規模なものだが、将来に同様の取り組みを立ち上げるためのプロトタイプとしても位置づけられている。

　テーラーメイド型再生医療実現への道のりは遠い。現状は「複雑なパズルの一部を作成できるところまできた。次はいかに患者に届けるか」という段階にあるが、加えて従来の医薬品や医療機器の開発、製造に関する規制は、テーラーメイド型再生医療には適さない状況にある。しかし、既に同社の医療を試してみたいという医師も現われており、バイオリアクタによる適性試験などに取り組んでいる。「当社の使命は開発から患者までの距離を縮めること。非常に小さな存在ではあるが、目標を一にするパートナーと新たな発明ができるポジションを保つことにより、ちょっとしたことで大きな変化を起こしていきたい」と抱負を語る。

リマインド
reMYND

クン・デウィッテ　代表取締役社長
Koen De Witte, Managing Director

✉ koen.de.witte@remynd.com
e-Mail

バルト・ルクール　受託研究責任者
Bart Roucourt, Head of Contract Research

✉ bart.roucourt@remynd.com
e-Mail

💻 https://www.remynd.com/
Web

　2002年に設立されたバイオベンチャーであるリマインドは、ルーヴェン・カトリック大学のスピンオフで、VIBのバイオインキュベーター内に拠点を構える。疾患モデルマウスを使って製薬企業の医薬品候補物質を評価する研究開発支援（CRO）部門と、医

バルト・ルクール　受託研究責任者

薬品の探索および開発を行う創薬部門を両輪にしている。とりわけアルツハイマー病（AD）などの神経系疾患分野に強く、独自開発のADモデルマウスとヒト細胞を使ったフェノタイプ（表現型）スクリーニングプラットフォームをコア技術に有する。「質の良いサービスにより世界中のクライアントを支援したい」（クン・デウィッテMD）として事業拡大に力を注いでいる。

　一般に新薬開発のプロセスは長い。候補物質について、まずは細胞や動物を使って有効性や安全性を確認し、ヒトを対象とする臨床試験を行う意味があるかどうかを検討する（前臨床試験）。同社のCRO事

業は、顧客から依頼された薬剤の候補物質を独自開発の疾患モデルマウスに投与し、薬物動態や薬力学などを調べて顧客にデータを返すというもので、年間で中小60件ものプロジェクトを受託することもある。数多くの医薬品を開発する製薬企業にとって、この前臨床試験は莫大な開発費用を低減するための重要なステップとなっている。

新薬開発の成功率を高めるには、精度の高い前臨床試験を行うことが求められる。同社は前臨床試験の質を高めるため、疾患モデルマウスにおいてもヒト臨床試験と同じ盲検[1]で試験を行っている。

ルーヴェン・カトリック大学時代に開発されたADモデルマウスは同社の専売品で、その種類は現在6種類ある。競合他社がブリーダーから購入する画一的なモデルマウスとは異なり、ADの発症が極めてよくわかる。これまではADに特化してきたが、「パーキンソン病など他の神経変性疾患にも手を広げようとしている」という。また、人間の肝細胞など他のリサーチモデルの検討にも着手している。体内試験だけでなく体外試験への適用も目指しており、必要となる新たな設備や実験の準備を研究開発と並行して進めている。

もう1つの柱である創薬事業では、AD、ハンチントン病、筋萎縮性側索硬化症（ALS）などの神経変性疾患や糖尿病を対象に低分子の医薬候補化合物を創製している。神経変性疾患の種類は数多いが、タンパク質のミスフォールディング[2]に起因する点で共通している。

従来の低分子医薬品の開発では、対象を1つの疾患に絞り、それに対応する候補分子を探すというターゲットベースのアプローチがとられてきた。これに対し同社が採用するヒト細胞を使った表現型スクリーニングは、事前に疾患原因を特定することなく、どの候補分子が

---

*1)盲検：研究結果に発生するバイアスを抑制するために、実験の観察者および被験者などに情報を開示せずに行う試験のこと。

2)ミスフォールディング：タンパク質が誤って折り畳まれ、正しい構造をとらず、本来の機能を果たせなくなること。ミスフォールディングによりタンパク質の凝固・付着が起こり、神経細胞に作用することで細胞死や変性が起こる。

細胞の健全性を向上するのかを調べる。「医薬品が疾患原因をどのように変更し改善するのか、いまだ知られていないメカニズムを調べることができ、最先端の医薬品の発見につながる」という。

　近年の肝細胞研究技術の発展により研究にヒト細胞を用いることが容易になってきており、創薬スクリーニング分野で表現型スクリーニングへの注目が高まっている。ヒト細胞を用いたアッセイは、特定の分子のみを標的としたアッセイと比較して複雑な結果が得られる。吸収や代謝までも含む最終結果が得られる可能性があり、画期的な医薬品の開発につながっているという報告がある。

　市場投入された医薬品はまだないが、最も進んでいるプログラムはAD 治療薬であり、ヒト臨床試験の準備段階、ハンチントン病や ALS は初期段階にある。糖尿病ではデンマーク企業と提携しており、ヒト臨床試験は目前となっている。

ブルージュ（Brugge）

　ブルージュは、歴史的・芸術的な建物、美術館や博物館、チョコレートやレースの店、レストランなど、その見所をくまなく堪能するには、少なくとも１泊はしたいものです。町を縦横に縫うロマンティックな運河、美しい装飾が施された歴史的建物、のんびりとくつろげるカフェ。中世の町並みが見事に保存されたブルージュの風景には、誰もが心ときめくはずです。運河沿いを気の向くままにサイクリングし、ムール貝をほおばり、修道士が造ったビールで喉を潤し、ミケランジェロの作品を鑑賞し、チョコレートで至福の時を味わいましょう。

出典：Bonifaciusbrug©Toerisme Brugge / Jan D'Hondt

ビオカルティス
Biocartis

ヘルマン・ヴェルレルスト　CEO 兼ダイレクター
Herman Verrelst, CEO, Director

✉ **e-Mail** hverrelst@biocartis.com

エリック・ヴォッセナー 博士　ビジネス開発担当バイスプレジデント
Erik Vossenaar, Ph.D., VP Business Development

✉ **e-Mail** evossenaar@biocartis.com

🖥 **Web** ttps://www.biocartis.com/

がん治療では、個別化医療の進展とともに、分子標的薬の使用が急速に拡大している。それぞれの患者に合った治療方針を決定するには遺伝子検査が重要になってきているが、検査にはクリーンルームや様々な装置、多くのスタッフが必要とされる。この検査をリアルタイム PCR 法[1] の原理を用い

ヘルマン・ヴェルレルスト　CEO兼ダイレクター

て、大幅に簡略化することに成功したのがビオカルティスの開発した分子診断システム「Idylla イデラ」（理想や最高品質を表す造語）だ。ラボのあらゆる機能を1つの箱に納めたようなコンパクトシステムで、どこでも誰でも簡単に検査を実施することができ、短時間で正確な結果を得ることができる。

遺伝子検査は複雑で難しく、費用も高額になる。十分な患者数が確保できない病院や分析設備を持たない小さな病院では検体分析を業者

---

*1）特定の DNA について、その量を正確に測定することができる。ちなみに PCR とは、
　　ポリメラーゼ連鎖反応（polymerase chain reaction）のこと。

に外注せねばならず、ときに国をまたいで検体を送るようなケースもあり、検査結果が出るまでに数週間〜数カ月かかることがある。わずかな時間が争われるがん治療において検査時間の短縮は世界中で切望されている。

「イデラ」は、加熱器や光学部材などが組み込まれた据え置き型デスクトップ測定機器と使い捨ての試薬カートリッジで構成されている。がんの病理学標本を検体に、核酸抽出からリアルタイムPCR法による検出・検査データの出力までを自動で行うことができる。使い方は簡単で、試薬カートリッジに患者から採取した組織や血液などの検体を入れて装置にセットするだけでよい。この間の作業にかかる時間は2分以内で、90〜150分程度でテスト結果が出る。試薬カートリッジは調べたい対象ごとに試薬を入れることができ、カートリッジを増やせば一度に複数のテストを行うこともできる。また、イデラは完全自動システムであり、人手を介したテストよりも正確で失敗も少ない。手動テストの失敗確率が20%であるのに対し「イデラ」ではその10分の1という結果が確認されている。「イデラ」と類似した分子診断システムは他にもあるが、がん検体を対象としたものはなく、完全自動化も達成されていないという。

ビオカルティスは2007年にスイスで設立された。当初、パーソナライズド・メディスン（個別化医療）を専門とする創設者のルディ・パウエルス氏は、新たな診断方法の確立を志して「アポロ」というプロジェクト名で診断システムの開発に着手したのだが、分析技術や検体準備などの課題に直面することとなった。そこで事態を打開すべく、「イデラ」のシステムを確立しつつあった蘭フィリップスの分子診断部門と提携することになった。その後リーマン・ショックの影響を受けてフィリップスがプロジェクトから撤退すると（2010年）、ビオカルティスがフィリップスの分子診断部門を買収し、当時プロトタイプ段階にあった「イデラ」を製品化までもっていった。2014年の発売当初はメラノーマ[2]だけにしか対応していなかったが、現在は結腸や肺など

分子診断システム「Idyllaイデラ」

様々ながん検査を行える状態にある。なお、経営が軌道にのった時点でパウエルス氏は新たな挑戦を求めて同社を去っており、現在はヘルマン・ヴェルレルスト氏が CEO 兼ダイレクターを務める。

　設立時に手掛けていたタンパク質関連の分析事業については分社化され、現在は「マイカーティス」という別会社が担っている。ビオカルティスは「イデラ」事業に集中しており、2015 年にはユーロネクストに上場した。当時と「現在のビオカルティスとはかなり異なる」とフィリップス分子診断部門出身でのビジネス開発担当バイスプレジデントであるエリック・ヴォッセナー博士（ビジネス開発担当バイスプレジデント）は振り返る。

　現在「イデラ」は世界 70 カ国以上で販売されており、2018 年には米国市場へ進出している。累計販売数は 970 台にのぼり、国によっては過半の市場シェアを得ているが、同社が大規模市場とみる中国と日本の市場開拓はこれからである。2019 年秋頃にも中国市場へ進出する計画で、現地企業とのジョイントベンチャーも設立されている。日本においては 2019 年 1 月にニチレイバイオサイエンスと業務提携を締結している。薬事承認が得られた後、国内約 2,000 の検査施設

---

*2）悪性の皮膚がん。「ほくろのがん」とも呼ばれる。

への販売ネットワークを通じ同製品を販売することになっている。

　販売数量の増加にともない製造設備の増強も行っている。メッヘレンの主要拠点では近隣の建屋を購入して第2工場を新設し、2018年末に稼働を開始している。これにより使い捨てカートリッジの生産能力は年間約180万個（従来比約5〜6倍）に拡大した。現在はベルギーからすべて輸出しているが、将来は海外にもカートリッジ供給体制を整えるという構想もある。

エテルナ・イミュノセラピーズ
eTheRNA immunotherapies

ウィム・ティスト　戦略部長
Wim Tiest, Head of Strategy and Project Management

✉ **wim.tiest@etherna.be**
e-Mail

🖥 **https://www.etherna.be/**
Web

　がんの治療方法としては手術、抗がん剤治療、放射線治療が三本柱とされてきたが、第4の治療法として免疫細胞療法（免疫療法）が注目を集めている。人間が元来持つ、異物を撃退する免疫の働きを科学的に活性化してがん治療に応用するものだ。外科処置が不要のため、がんの種類や患者の状態を問わず実施できるのに加え、自身の免疫を活用した治療であるため副作用がないという利点がある。

　2013年にブリュッセル自由大学のスピンオフとして設立されたエテルナ・イミュノセラピーズも免疫療法の開発に取り組むベンチャー企業の1つだ。当初のアプローチは、患者から細胞を取り出して活性化し、再び患者の体内に戻すという、多くの免疫療法で行われているものだったが、現在は「従来の複雑な免疫療法のアプローチから離れて伝統的なワクチンに回帰する」として開発の軸足を移している。

　一般の免疫療法では、免疫システムに攻撃対象を知らせる樹状細胞と、実際に標的を攻撃するT細胞の2種類の細胞が用いられている。例えば、患者から取り出したT細胞にがん細胞特有の性質だけに反応して攻撃するよう遺伝子操作を施し再び患者の体内に注入する「CAR－T細胞療法」がある。これに対し同社はヒトの免疫システムを活性化する伝令遺伝子（mRNA）の存在に着目している。

　mRNAはDNAから写し取った遺伝情報に従いタンパク質を合成（翻訳）し、その役目を終えた後は細胞に不要なものとしてすぐに分解されてしまう。だが免疫療法開発の観点からすれば、mRNAは、樹

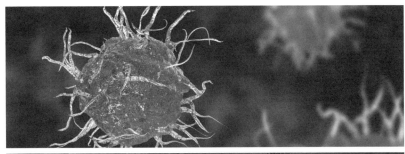
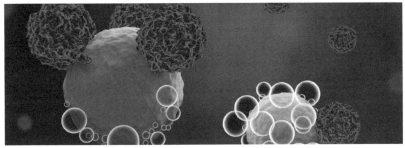

樹状細胞（https://www.etherna.be/より）

状細胞を活性化させて遺伝情報を伝達するだけでなく、腫瘍の抗原を樹状細胞まで送り届ける乗り物にもなっているとみることができる。これらの性質は免疫システムを起動させ、免疫反応を促進させるといった、また別の重要な役割を担う。DNAに基づく免疫治療では細胞の染色体に悪影響を与えるリスクがあるが、mRNAは腫瘍の抗原を伝達し終えた後すぐに分解されてしまうため、その恐れがない。

　mRNAの働きにより病原体の存在が伝えられると、樹状細胞は直ちに起動してサイトカイン[1]とキモカイン[2]を精製しはじめる。その後、樹状細胞は体内に発現した病原体を吸収し、細胞膜の外側表面に病原体に対する抗原を発現させる。このため樹状細胞は抗原発現細胞（APCs）とも呼ばれる。

　病原体を吸収した樹状細胞はリンパ管を通じてリンパ節に移動す

*1）炎症反応を引き起こす分子であり、非免疫細胞上で働く。
　2）細胞の動きを誘発して感染領域に免疫細胞を引きつける。

る。その際に、まだ起動していない T 細胞に抗原を差し出し、この抗原が T 細胞の発達と増殖を誘発する。これら一連のプロセスが免疫システムを起動させ、免疫反応を促進させる。最終的にはがん細胞や病原体を破壊するのに十分な大きさになった T 細胞を作り出することにつながる。

　同社では当初、免疫反応を誘発させるための特定抗原として、がん細胞あるいは感染性因子の特定分子を用いていた。抗原を発現させるため、がん細胞、細胞の一部、DNA、タンパク質といった多くの仲介者を調べたが、有効な臨床結果は得られず、また安全性の観点からも疑問が残るため、患者自身の樹状細胞を用いることとした。体外で腫瘍関連の特定抗原 mRNA を装填した樹状細胞を再び患者の体内に戻したところ、いくつかの免疫反応が誘発されることが確認できている。

　同社はさらに、樹状細胞を起動させる caTLR4、樹状細胞の抗原特定反応を開始させる CD40L、T 細胞の免疫システムを起動させる CD70 といった 3 つの mRNA 分子を特定し、これらを用いたワクチンを「TriMix（トライミックス）」と名付けた。

　トライミックスを患者の体内へ供給する方法には体外法、節内注入法、腫瘍内注入法などがあり、それぞれ開発が進められている。なおトライミックスはオリゴヌクリアタイトという核質であり、ペプチドで構成されている。これを酵素で化学反応させることで、完全に人工的に作成することができる。

　同社は 2015 年にブリュッセル自由大学からトライミックスのグローバル独占ライセンスを取得しており、2016 年に獲得した 2,400 万ユーロの資金を用いて臨床試験を実施している。2017 年にはアントワープ近郊のニールに移転し、2018 年秋には臨床試験で使用されるトライミックスを製造するための GMP 準拠のラボを立ち上げた。ラボ内には製造、品質管理、バイアルへの充填に至るまでを行う一貫生産体制が整えられている。

　このほど日本でも一部の白血病などの治療法として承認されること

が決まった「CAR － T 細胞療法」だが、T 細胞の遺伝子を改変するゲノム編集技術は非常に複雑であり、T 細胞を大量に複製するのは困難であるため治療費が高額になりがちである。これに対しトライミックスは広く患者の手が届く免疫療法として期待できるだろう。実用化までの道のりは遠いが、同社は研究加速や量産方法確立のために従業員の拡充を進めている。

ノボサニス
Novosanis

ヴァネッサ・ファンケルホーフェン　CEO
Vanessa Vankerckhoven, CEO

✉ vanessa@novosanis.com
e-Mail

💻 https://novosanis.com/
Web

　医療機器メーカーのノボサニスはアントワープ大学のスピンオフで2013年に設立された。ヴァネッサ・ファンケルホーフェンCEOらが開発に携わった新しいコンセプトの採尿器「Colli － Pee（コリピー）」と注射器「VAX － ID」を柱に事業を展開している。

ヴァネッサ・ファンケルホーフェン　CEO

　2016年に発売された「コリピー」は排尿時の最初の20mlを効率良く採取する使い捨ての採尿器（男女共用）だ。一見すると、ただのプラスチック容器だが、「初尿20mlを重視する発想が発明の肝」（ファンケルホーフェンCEO）となっている。初尿にはがんバイオマーカーを検知する手がかりとなるDNA、RNA、タンパク質が豊富に含まれており、従来の検尿カップでは無頓着に取り損ねたり溢れたりしていた初尿を逃さず採取することで、病気の検出精度は平均20％高まるという。

　被験者は採尿器の蓋を開けて採取容器とカバーを装着し、正しい位置に合わせて排尿すれば、初尿20mlを簡単に採取することができる。20ml以上の尿は、容器内のフローターが機能して自動的に容器の外に出るため、排尿を中断する必要がない。採尿容器には尿の保管および輸送中の保存を可能にする尿保存剤（UCM[1]）および緩衝剤が入っ

ており、常温で1週間まで保存することができる。

　「コリピー」の開発コンセプトは、「極力、人体に負荷をかけず容易に採取できる検体を用いて、早期に病気を発見できるようにすること」（同）。例えばHPV[2]については、従来の検診では子宮組織をこすり取って調べる方法がとられているが、検体採取の負荷が大きいため、検診を受けたがらない女性が多い。また、体に針を刺す採血も、負荷の高い検体採取法といえる。一方、「コリピー」を用いれば、容易に20mlの初尿が手に入り、HPVの検出ができる。病気の検出精度の向上に加えて、受診者が増えるという利点もある。

　「コリピー」を購入するのは主に健康診断事業者で、検査キットの一部に「コリピー」を取り入れて病院などへ販売するのが一般的だ。一部の研究機関や病院に対しては、同社が直接提案することもある。

　「コリピー」の部品は国外で製造され、アントワープ州ウェヌゲムの本社で組立、梱包、ラベル貼付が行われ、世界各地に出荷される。米国を中心として欧州、アジアへも展開しており、日本での採用も期待される。さらなる拡販に向けて、各地にビジネスプロモーターを置いて市場開発を行うとともに、リードタイム短縮のため、輸出先に倉庫を持つことも検討している。

　「コリピー」は現在、HPV、STIs[3]、前立腺がんを含む初期ステージのがんを検出するための診断テストに対応しているが、検知可能な病気の種類を増やすため、初尿20mlのさらなる可能性も探られている。また様々な研究機関との共同プロジェクトが進められている。

コリピー

───────────────

＊1）UCMの配合についてはCEマーク（欧州基準適合マーク）を取得している。

　2）ヒトパピロマウイルス。子宮頸癌を引き起こす。

　3）梅毒、淋病、クラミジアなどの性感染症。

一方、2019年夏頃の市場投入を目指しているのが使い捨て注射器「VAX－ID」で、これを使えば誰でも確実に皮内注射を行うことができるようになる。皮内注射はツベルクリン反応で用いられるマントー法がよく知られているが、免疫反応を起こさせるためには表皮と真皮の間という、ごく限

VAX－ID

られた領域に確実に抗原を注入しなければならない。注射角度は10〜15度とされる。角度が浅すぎれば薬剤が体外に流出してしまい、深すぎても薬剤が脂肪組織に入り効果が得られないため、医師や看護師にはテクニックが要求される。

「VAX－ID」はこうした課題を解決するために開発された。抗原などの薬剤を注射器の中に入れ、皮膚にのせて押すと針が出て、外皮から深さ1mmに針が挿入される。患者はほとんど痛みを感じず、高価な薬剤の流出を防ぐことができる。また使用者に関係なく定量の注射が可能なため、臨床試験でのばらつきを無くすことができるし、自己注射の選択肢も広がる。がんや感染症などの治療的ワクチン接種、狂犬病や小児まひ、B型肝炎などの予防的ワクチン接種のほか、抗アレルギー薬やインシュリンなどの注射にも使用できる。

注射針径は26〜34ゲージ、皮膚中の注射の深さは0.65〜1.2mmの種類があり、用途や必要な注射量に応じてカスタマイズできる。複数回注射できるタイプや、凍結乾燥薬剤に適した2室タイプの開発も進められている。

ジェナエ・アソシエーツ
genae associates

バルト・セーゲルス　創設者兼 CEO
Bart Segers, Co-founder & CEO

✉ **bart.segers@genae.com**
e-Mail

アリ・タレン　創設者兼ビジネス開発担当シニアバイスプレジデント
Aly Talen, Co-founder & Sr. VP Business Development

✉ **aly.talen@genae.com**
e-Mail

💻 **https:www.genae.com/**
Web

アントワープに本社を構える
ジェナエ・アソシエーツは、イン
プラントなど医療機器分野に特化
した CRO（開発業務受託機関）だ。
2005 年に設立されて以来、グロー
バルに事業を拡大させており、欧
州に複数の拠点を持つほか、米国
の東西海岸にそれぞれ拠点を置い
ている。2017 年には日本で類似
サービスを手掛けるメディトリッ
クスに投資している。現在は 9 カ
国に 12 の支店を有し、世界で 130
名の従業員を抱える。同時に、50
名のコンサルタントの協力も得て
おり、主力とする治験管理事業の
ほかにも安全性や法規制に関する
様々な活動を展開している。

バルト・セーゲルス　CEO

アリ・タレン
ビジネス開発担当
シニアバイスプレジデント

治験管理事業（CTM）では、人
工心臓弁など循環器系の複雑なインプラントで、とりわけ豊富な受託

実績を有する。臨床試験初期の研究手順の決定から、インターネットを用いた電子的な臨床データ収集（EDC）、報告、製品発売に至るまでの各プロセスが各国の法規制に則り正しく行われるよう支援する。EDC に関しては心臓ペースメーカーなどのウエアラブルデバイスから得られたデータを有効活用するためのサービスも提供している。世界中のどこからでもデータを収集・分析することができ、得られた結果をクライアントや医師などの専門家に報告できる。

　EDC のサービスは創業当初から提供しているが、ここ数年でその重要性は急速に高まっているという。それにはこんな背景がある。「ブルートゥースなどにより機器同士がコミュニケーションする IoT は医療分野においても同様に進展している。集められたデータはあまりにも膨大なため、それらを能率的に処理するためのツールが欠かせない」。

　そこで開発されたのが「STACY（ステイシー）」というデータ管理プラットフォームで、医療機器、医師、患者などから集めたデータを利用しやすいかたちにして提供することができる。AI 技術により篩いにかけられた生データを見やすくビジュアル化することで、クライアント（医療機器メーカーや治験に携わる医師など）は自身の専門分野に集中することができる。つまりステイシーが「単なる情報を知識に変える」のだ。

　ステイシーは同社のゴールドパートナーであるマイクロソフトと共同で開発された。マイクロソフトのクラウドインフラに上乗せするソフトウエアであり、クライアントごとに最適なユーザーインターフェースが提供される。収集された治験データは法律の関係から治験が行われた国のサーバーに保存されるが、ステイシーを通じて世界中のデータを見ることができる。

　ステイシーは治験段階だけでなく、製品化後においても有効だ。ステイシーによるサービスは 2017 年半ばから提供が開始されており、ステイシーを契約したクライアント数は累計で約 150。2018 年末現在、85 カ国で 260 以上の治験が行われており、ステイシーにつなが

る被験者数は 12 万人以上にのぼる。

　例えば、心電図パッチメーカーの場合、患者の心拍数を 1 週間分記録してステイシーにアップロードすると、膨大なデータの中から瞬時に異常箇所が拾い上げられ、それを見た医師は次にとるべき処置を即座に判断することができる。また、患者のスマートフォンにアプリを入れれば、医師や医療機器メーカーはステイシーを通じて患者と直接やりとりすることができる。患者は何か問題が起これば アプリで報告することができるし、患者の体調を聞くアンケートもアプリ上で行われる。そして、それらの情報はステイシーにリアルタイムでアップロードされ、共有される。このほかにも医療機器とスマホアプリが通信し、アプリがステイシーと通信するなど様々なユーザーインターフェースがある。こうしたサービスの存在は、従来の治験の在り方を変える"革命"だという。「新製品の開発担当者は患者とのやりとりを医師などの専門家に依頼していたため患者との距離が大きかった。しかしステイシーのようなスマートデータシステムはその距離を縮めることができる。貴重な患者情報をリアルタイムで入手できれば治験の途中でも研究の方向性を変えることができる」。

　ステイシーの事業機会は臨床試験の支援にとどまらない。「強調したいのは、当社として、また医療産業としても疾患治療からヘルスケアへと力点がシフトしていることだ。高齢化社会の進展にともない医療費は増加の一途を辿っており、深刻な社会問題となっている。状況の改善に向け、今後は自分の健康は自分で管理することが求められるようになるだろう」。そこで出番となるのがステイシーで、同社では現在、生物学的年齢を計算するアプリの開発に取り組んでいる。ユーザーの入力した生活習慣データをビジュアル化して提供するもので、2019 年の発売を予定している。こうした様々な仕掛けを通じてクライアントや医療・患者団体との直接的なコミュニケーションを深めていくことで、新たな適用先を探るとともに、ステイシーの認知度を高めていく考えだ。

プルナ・ファーマシューティカルズ

PURNA Pharmaceuticals

Web https://www.purna.be

レイモンド・ヴァングヒュト　取締役会長
Raymond Van Gucht, Chairman Board of Directors

✉ rvg@purna.be
e-Mail

クリストフ・フェルブルヘン　ビジネス開発担当
Kristof Verbruggen, Business Development

✉ kvu@purna.be
e-Mail

レイモンド・ヴァングヒュト　取締役会長
新社屋前にて

プルナ・ファーマシューティカルズは1986年に設立された製薬企業で、半固形、液体、粉体形状の医薬品に特化して開発や製造を請け負う受託事業を主力としている。主要顧客には世界トップ20に入る大手製薬企業が名を連ね、年商3,400万ユーロ（2018年時点）の約8割を大手製薬企業から得ている。同社が事業戦略の根幹に据えるのは"customer intimacy（顧客親密性）"だ。本社・工場を構えるメッヘレンのプールス工業地区は、ファイザーやアルコンなど世界的な製薬企業が集積していることから "製薬バレー" と呼ばれる。上得意のお膝元に、開発から製造、梱包に至るまでの体制を一気通貫で整えたことで顧客の要望に迅速かつ柔軟に対応することが可能となり、同社の競争力の源泉となっている。

同社の事業部門には受託のほか、アウトライセンシング、ユニセフ向け自社製品があり、主力の受託事業は受託開発と受託製造に分かれている。受託開発ではAPI[1]の特定から分析手法や処方の開発、

IMP ライセンス[2] に基づく臨床試験材料の供給、スケールアップ、安定性試験の開発と実施など、上市のための様々な支援を行っている。近年は発売から何十年も経過した既存薬の処方や製造工程を最新のものにリニューアルするリバイバルが高い関心を集めているという。

　同社では現在、北米市場参入に向けて米国食品医薬品局（FDA）準拠製品を開発するための準備が進められている。クオリティ・バイ・デザイン（QbD）[3] という開発手法を採用し、品質レベルの安定化向上を図る考えだ。複数の FDA プロジェクトを走らせており、早い案件では 2019 年初頭にも登録が完了する予定で、当局に認可されてから 1 年半ほどで製造が可能になる。

　受託製造では皮膚関連製品が伸びている。なかでもグラクソスミスクラインの経皮鎮痛消炎剤「ボルタレンゲル」はここ数年間で最大の案件であり、このために約 2,500 万ユーロを投じて防爆仕様の製造・充填設備を導入している。（※次頁設備写真参照）

　製造設備はＧＭＰに準拠したものであり、半固形状品については 1 バッチあたり 20（Ｒ＆Ｄ用）〜 2,000 L の各種容器を揃えるほか、液体品では製造用タンクとして 1 万 L：1 基、5,000 L：4 基、1,000 L：2 基、バッファー用タンクとして 1 万 L：1 基、5,000 L：3 基を有する。また、様々な形状（チューブ、ポット、IBC コンテナなど）、様々な素材（プラスチック、ガラス、アルミなど）の容器への充填に対応できる体制も整えられている。

　アウトライセンシング事業は近年新たに立ち上げたものである。大学や研究開発企業における有望な開発案件を調べ、製品化のための

＊1）Active Pharmaceutical Ingredient　医薬品原料。

＊2）Investigational Medicinal Products　治験薬のライセンス。

＊3）Quality by Design　事前に目標品質を設定し、製品理解、工程理解、工程管理に重点をおいて、科学的な知見および品質リスクマネジメントに基づいて開発を進める手法。QbD は北米の規格だが、近年は欧州でも採用されるようになってきているという。

プルナ・ファーマシューティカルズ　新ATEXプロダクションルーム（2018年建設）

マーケティングや規制当局への登録手続き、パートナー探し、量産化などの支援に加えて、同社が開発の途中から製品化までを請け負うこともある。"customer intimacy"を体現するビジネスモデルであり、「ライフサイエンスやバイオテクノロジーの研究や産業のネットワークが発達しているフランダースの企業であることが強みとなる」取り組みとなっている。

　ユニセフ向けの自社製品事業は、自社製の後発医薬品をNGO経由でユニセフへ供給する事業であり、欧州、アフリカ、中東へベルギーから輸出する。成熟市場における入札事業であり、安定して事業規模を保っており、過去に日本政府と取引した実績もある。

　従業員数は現在約2,000人で、レイモンド・ヴァングヒュト会長は「創業以来順調に成長してきた」と振り返る。持続的な成長には「稼いだ儲けはすべて設備投資にまわす」ことで設備を常に最新の状態に保ってきたことが大きく貢献しているという。建物はほぼ2年おきに拡張しており、2006年には道路を挟んだ約3万㎡の土地を購入し、2013年には約5,000㎡の倉庫を建設した。当初は倉庫だけだったが、現在はボルタレン用にGMP準拠の梱包設備を導入している。さらに1万㎡ほど増設する余地があり、「例えば日本企業が欧州市場へ製品を売りたければ当社がすべての法手続や現地パートナー探しを支援す

るし、製造梱包もここでできる。またストックポイントとして倉庫を
貸し出すこともできる。日本のみなさん、いつでもウェルカムです」
と呼びかける。

ヤンセン・ファーマスーティカ
Janssen Pharmaceutica

トム・アルブレヒト　ヤンセン・キャンパス・オフィス長（ベルギー）
Tom Aelbrecht, Head of the Janssen Campus Office Belgium and Member of the Management Board, Janssen Pharmaceutica NV

 e-Mail　taelbrec@its.jnj.com

Web　https://www.janssen.com/belgium/

フランダース医薬品産業における ヤンセン博士の功績

トム・アルブレヒト氏

　ベルギーの新薬創出力は卓越しており、輸出品目においては医薬品が上位に位置する。これらの象徴的な存在が、ヤンセン・ファーマスーティカ社だ。ヤンセン社を創設した故ポール・ヤンセン博士（1926 ～ 2003 年）は、世界的に名を馳せた科学者であると同時に、基礎研究成果を産業に結びつけた類い希な起業家でもあった。「プログレス・スルー・リサーチ（進化は常に研究の中から生まれる）」というポリシーに基づいて 10 万個以上の新規化合物を合成し、その中から約 80 の新薬を世に送り出した。フランダースでバイオテック企業が続々と誕生している要因には VIB という政策的な側面が大きいが、この地の旺盛なチャレンジ精神の源にはヤンセン博士という偉大な存在がある。

　ヤンセン博士は両親が経営していた小さな会社を基盤に、アントワープのトゥルンホウトという街で 1953 年に研究所を立ち上げた。これがヤンセン・ファーマスーティカ社のルーツだ。その後、1957 年にトゥルンホウト近郊のベーアセという町に移転し、1961 年に米

ジョンソン・エンド・ジョンソン（J ＆ J）のグループ会社となり現在に至っている。大手製薬企業の傘下に入ることがベンチャー企業の成長戦略の１つであり、世界有数の多国籍ヘルスケアメーカーである J ＆ J にグループ入りしたことで同社は飛躍した。現在、J ＆ J の医薬品事業部門は世界的に「ヤンセン」という名称で統一されており、その売上高は 407 億ドル（2018 年）にのぼる。世界の医薬品業界で第５位の規模であり、J ＆ J の連結売上高 816 億ドルの４割近く（2018 年）を占めている。

ヤンセン博士は多くの疾患領域で新薬を生み出したが、中でも抗精神病薬の「ハロペリドール」や「リスペリドン」は、多くの統合失調症患者を社会復帰させたことで知られる。疼痛治療薬で世界的に有名な「フェンタニル」もヤンセン博士が 1960 年に合成したものだ。また 1992 年までに製品化された 84 の医薬品のうち、5 品目が世界保健機関（WHO）の選定する「エッセンシャル・ドラッグ（必須医薬品）」に選ばれるなど卓越した業績を残した。ヤンセン博士が所有する特許の数は 100 を超え、世界中の国々から名誉博士号を授与され、80 以上の科学賞を受賞している。20 世紀において最も生産性の高い医薬品研究者の１人であったといえる。

日本のヤンセンファーマ

ヤンセングループの日本での医薬品事業はヤンセンファーマ（本社・東京都千代田区）が担っている。同社は 1978 年に協和発酵（現 協和キリン）との合弁会社「ヤンセン協和」として発足し、2001 年に J ＆ J の全額出資会社となった後、翌 2002 年に現社名に変更した。2019 年 5 月現在の従業員数は約 2,000 人となっている。静岡県東部に工場を有し、日本市場向けヤンセン製品のほとんどは、同工場での最終製造工程を経て出荷されている。独自の研究開発部門も有しており、中枢神経系領域、鎮痛・麻酔領域、真菌症領域、がん領域、HIV ／ AIDS 領域、免疫領域を中心に多くの画期的な医薬品を継続して日本

市場に投入し、品揃えを充実させてきた。日本でいまだ満たされていない医療ニーズに応えていくことを最大のミッションに掲げ、新規有効成分を含有する医薬品の開発や既存医薬品の適応拡大などに精力的に取り組んでいる。

現在のヤンセン

ヤンセンの本社は現在、米国ニュージャージー州ニューブラウンズウィックに置かれている。世界60カ国以上にグループ会社を構えているが、なかでも創業の地、フランダースのベーアセにあるヤンセン・ファーマスーティカ社は最重要拠点であり、医薬品の研究開発や生産の主力拠点となっている。敷地内に製造設備やラボが立ち並ぶ同拠点は「キャンパス」と呼ばれ、旗艦拠点として常にグループ初の試みが取り組まれている。足下では地熱をキャンパス内でのあらあゆる活動に使用するエネルギー源として利用するための地熱温水ネットワーク設備の構築を進めている。地熱温水によりすべてのエネルギーを自給自足するのは欧州で初の試みであり、コスト削減に加えて二酸化炭素排出量の削減も実現できる。J & J がグローバルで掲げる目標（2050年までに CO_2 排出量を80％削減する）の達成にも寄与する取り組みとなる。

革新的な医薬品を世に出し続けることが同社の競争力の源泉であり、グローバルな研究開発費用には毎年売上高（407億ドル）の約5分の1にあたる84.4億ドルが充てられている。研究対象はアルツハイマー病やがん、糖尿病などのより難しい病気に移行する状況であり、R & D 活動は多岐にわたるが、なかでもその根幹を支えるトップサイエンスの獲得に最も力を注いでいる。実際、キャンパスでは研究開発部門を中心に2010年時に比べ約1,000人の増員がなされている。

J & J はグローバル組織として「Global External Innovation Group」を立ち上げ、優れた研究者のスカウトや交流を推進しているが、キャンパスでは独自に、2010年に「戦略キャンパスオフィス」を設置している。キャンパス内の異なる組織間に横串を刺し、研究開発

に関する情報を束ねて共有化することで科学者や投資の誘致を加速させる。共同研究に対するサポート体制を充実させることで成果を最大限に引き出す仕組みとなっている。VIBをはじめとして欧州の大学と提携を結び、過去5年間で100以上の協力関係を作った。一般に製薬企業の研究開発は非常に閉鎖的な環境だが、キャンパスでは同社の科学者と大学の科学者が同じ場所で交流や意見交換を行う。将来の革新技術を獲得するにはこうした協力的で開かれた関係を築くことが不可欠であり、この取り組みこそが「ヤンセンのDNAに通じている」と戦略キャンパスオフィスのトム・アルブレヒト氏は説明する。

　一方、J&Jは大学を中心に将来有望なスタートアップを誘致する「JLABS」を展開している。誘致された企業は施設利用料を払う必要があるが、他の科学者との交流により自らの研究が加速される利点がある。アイデアはあるが製品化までもっていくノウハウを持たないスタートアップはプロの科学者と交流できるため成長を加速させることができる。キャンパスでも2年ほど前に、北米以外では初となる「JLABS」を立ち上げている。企業部門と併設されるJLABSは、J&Jのサンディエゴ拠点とベルギーヤンセンのキャンパスのみだ。キャンパスのJLABSでは18社を誘致し、そのうち約半数と提携契約を結んでいる。この中には競合であるUCB[1]の神経科学グループからのスピンオフがあり、共同でスタートアップを設立するコラボレーションも生まれている。

　それでも実際に世の中に出る開発品は極僅かであり、この状況を変えていくためにも「可能性を広げることが大事」と強調する。大学とスタートアップの誘致活動を継続するとともにインフラの拡充も進めており、2019年末には新たな研究棟が完成する。ここにはCAR－T細胞治療法[2]と、AI・IoTを含む高度IT化を進めるためのデータサイエンスに係わる研究者の誘致・増員を計画している。

　「CAR－Tは次の10年、20年で大きな市場になる。患者にとっ

＊1) 1928年に設立された製薬会社で、ブリュッセルに本拠を置く。
＊2) 現在最も注目を集める最新のがん治療法。第4章「エテルナ・イミュノセラピーズ」
　　（144ページ）の項を参照。

て良い治療法となるだけでなく、ベルギーにとっても新たな雇用創出、産業発展につながる大きな可能性を秘めている」として、同社では2021～2022年頃の商業化を目指している。キャンパスには現在5,100人の従業員がいるが、そのためにも人材確保は最も重要であり、アルブレヒト氏はフランダースバイオやベンチャーキャピタルの取締役としても活動している。「米国には既にCAR－Tのハブが存在するが、欧州ではベルギーがハブとなる」。一流大学、政府、投資家のあらゆるステークホルダーが存在するフランダースのエコシステムもまた、ヤンセンの成長のエンジンとなっている。

新研究棟

フランダース地方のタペストリー

　フランダース・タペストリーのほとんどは、宗教、神話、歴史や狩猟、収穫などを題材としています。その高い品質と豊かな色使いは世界中に知られていました。最も古いものは、13世紀に作られたもので、当時は、トゥルネーとアラスが最も重要な生産地で、ブルゴーニュ公爵の保護を受けました。14世紀にはブルージュ、アウデナールド、ゲントが、そして16世紀には、ブリュッセルやアントワープが主要生産地となりました。アントワープは、欧州各地で人気の高かったタペストリーの貿易港として栄えました。しかし、17世紀にはその人気は衰え始め、19世紀にはフランダースでのタペストリー作りは終焉を迎えたのでした。

　タペストリーには、産地や制作者の名が織り込まれています。これらの制作者たちは、ギルドに属していました。下絵は、ルーベンスやラファエロなどの有名な芸術家によっても描かれました。機織工としては、ピーテル・ファン・アールスト (Pieter van Aelst)、ペーテル・デ・パンネマーケル (Peter de Pannemaker)、フランク・ヒューベルス (Frank Geubels) などがよく知られています。1cm²当たり2〜10目という極めて上質な織りものです。

出典：Manufacture De Wit© Milo Profi

アエリン・セラピューティックス
Aelin Therapeutics

Web https://aelintx.com/

エリス・ベイルナート　CEO
Els Beirnaert, CEO

e-Mail els.beirnaert@aelintx.com

エリス・ベイルナート　CEO

　アエリン・セラピューティックスは 2017 年 12 月に VIB のスピンオフ企業として設立されたもので、VIB で研究されていたタンパク質の変性を誘導するペプチド「Pept-in」を基盤技術とする。画期的な技術であり、幅広い疾患に対応できることなどから注目を集めている。設立にあたってはスイスのノバルティスとドイツのベーリンガーインゲルハイムという世界的な製薬会社が出資したほか、設立構想以来 10 年間で、2,700 万ユーロの資金を集めている。

　タンパク質は特定の立体構造に折りたたまれている。VIB では、この「フォールディング」という現象のメカニズムについての研究が進められている。タンパク質は鎖状につながるアミノ酸で構成されているが、そのうちのいくつかの配列が、正しい立体構造を形成できない「ミスフォールディング」の要因であることを突き止めたほか、同知見をもとに、特定のペプチドを接着させることによりタンパク質を変性させ、ミスフォールディングを導くことにも成功している。この仕組みが「Pept-in」だ。

　「Pept-in」によりミスフォールディングを誘導すると、タンパク質の本来の機能をなくすことができる。つまり、疾患の病原となるタンパク質をターゲットにこの仕組みを活用すれば、これまでの抗生物質

による治療とはまったく異なる作用機序の新しい治療法の開発につながる。

　エリス・ベイルナートCEOは「アエリン・セラピューティックスが持つ技術は細菌感染に対し非常に有効だ」と強調する。同社ではグラム陰性桿菌や大腸菌など5つの細菌をターゲットとしている。体内に侵入した細菌に対してミスフォールディングを誘導することで、細菌が引き起こしていた呼吸器官や消化管、尿管などの疾患を治癒させることができる。

　これらの細菌は突然変異により年々、抗生物質に対する耐性を獲得しており、「Pept-in」などを含めた新たな治療法が求められている。抗生物質が細胞膜や細胞内の特定のタンパク質をターゲットとしているのに対して「Pept-in」は1つのペプチドで同時に多数のタンパク質をターゲットにすることができるため、細菌が耐性を持つ可能性は低い。

　また、副作用の面でも「Pept-in」にはメリットがある。抗生物質が細菌の細胞膜に穴を空け攻撃すると、細菌細胞は死に、中に入っていた抗生物質が放出される。さらに破壊された細胞膜は、体内に残り副作用を引き起こす可能性がある。一方で「Pept-in」はタンパク質そのものを変性させるため、そのリスクは低い。さらに、変性したタンパク質に対する免疫反応は動物実験では特に見られておらず、組織の損傷も確認されていない。

　現在、アエリン・セラピューティックスではアルゴリズムなども駆使し、5つの細菌のミスフォールディングを誘導するペプチドの設計を試みている。細菌の成長を阻害することで感染症を治癒する薬剤を上市すべく、2020年中の臨床前試験開始、4～5年以内の臨床導入を目指している。

　一方で、ベイルナートCEOは「もともと体内にあるタンパク質も将来的にターゲットとしたい」と意気込む。同社では、がん、線維症、炎症などの病原となっているタンパク質に対しても、ミスフォールディングを誘導するペプチドの開発に取り組んでいく方針だ。

アントワープ（Antwerpen）

　数百年もの昔からアントワープにはクリエイティブな気風がありました。16、17世紀にはルーベンスやヴァン・ダイクといった巨匠を生み、20、21世紀には、モード界の第一線で活躍する6人のデザイナー「アントワープ・シックス」のようなクリエイターを輩出しています。

　アントワープは、文化的・歴史的スポットにあふれ、洗練されたレストラン、バー、クラブがひしめき、ショッピングの楽しみにも事欠きません。建築の宝庫でもあり、中世の歴史的建造物からアールヌーヴォー様式の建物、現代を代表する建築家リチャード・ロジャース設計によるアントワープ裁判所まで、様々な美しい建物を見ることができます。また、アントワープは世界のダイヤモンド取引の中心地。ここでは旅人を迎えるあらゆるものが、ダイヤモンドのように煌めいています。

出典：The Port House© Havenbedrijf Antwerpen – Peter Knoop

フランダースの
主要研究機関、
企業リスト

●アカデミア

［フランダースバイオ（FlandersBio）］https://www.flanders.bio/en/

氏名／所属・肩書
ウィレム・ドーヘ　ゼネラルマネージャー Willem Dhooge, Co-General Manager
パスカル・エンゲレン　ゼネラルマネージャー Pascale Engelen, Co-General Manager

［VIB −本部］http://www.vib.be

氏名／所属・肩書
リーヴェ・オンゲナ博士 VIB　国際科学政策　シニアマネジャー Lieve Ongena, Ph.D. VIB Senior Science Policy & International Grants Manager
ヨー・ブリー博士 VIB　マネージングディレクター Jo Bury, Ph.D. VIB Managing Director
ヘールト・ヴァンミネブルゲン博士 VIB　科学技術ユニットヘッド／コアファシリティヘッド Geert Van Minnebruggen, Ph.D. VIB Head of Science & Technology Unit ／ Head of Core Facilities
ゴラムレザ・ハッサンザデ博士 VIB　ナノ抗体コア　シニアエキスパートテクノロジスト Gholamreza Hassanzadeh, Ph.D. VIB Nanobody Core, Senior Expert Technologist
バルト・ゲスキエール博士 VIB　メタボロミクス専門センター　グループリーダー Bart Ghesquiere, Ph.D. VIB Metabolomics Expertise Center, Group Leader
デジレ・コレン博士 ルーヴェン・カトリック大学名誉教授／ VIB-KU Leuven　がん生物学センター Désiré Collen, M.D., Ph.D. VIB-KU Leuven Center of Cancer Biology, Professor Emeritus, Cathoric University of Leuven
鈴木郁夫／ Ikuo Suzuki 岩田亮平／ Ryohei Iwata VIB-KU Leuven　脳・疾患研究センター VIB-KU Leuven Center for Brain & Disease Research
ピエール・ヴァンデルハーゲン博士 Pierre Vanderhaeghen, Ph.D. VIB　脳・疾患研究センター　グループリーダー VIB Center for Brain & Disease Research, Group Leader

e-mail	所在地	掲載頁
lem.dhooge@flanders.bio scale.engelen@flanders.bio	Jean-Baptiste de Ghellincklaan 13 bus 0102 9051 Ghent	p.8

e-mail	所在地	掲載頁
ve.ongena@vib.be	Rijvisschestraat 120 9052 Ghent	p.16
.bury@vib.be		
eert.vanminnebruggen@vib.be		p.20
eza.hassanzadeh@vub.vib.be	Building 3 Pleinlaan 2 1050 Brussel	p.22
art.ghesquiere@kuleuven.vib.be	O&N 4, 9e verd Herestraat 49, bus 912 3000 Leuven	p.24
lesire.collen@med.kuleuven.be	Campus Gasthuisberg Herestraat 49, box 913 B-3000 Leuven	p.26
pierre.vanderhaeghen@kuleuven.vib.be	Campus Gasthuisberg, O&N4 Herestraat 49, box 602 3000 Leuven	p.30

[フランダースの主要研究機関、企業リスト]

［ベルギー・フランダース政府貿易投資局（Flanders Investment & Trade：FIT）］
https://www.flandersinvestmentandtrade.com/

氏名／所属・肩書
ディルク・デルイベル　日本事務所代表 Dirk De Ruyver, Japan Representative
ベン・クルック　テクノロジー ダイレクター Ben Kloeck, Ph.D., Technology Director

［アイメック（imec）］ https://www.imec-int.com/en/lifesciences

氏名／所属・肩書
ペーター・ピューマンス ヴァイスプレジデント、ライフサイエンステクノロジー担当 Peter Peumans, Senior Vice President, Life Science Technologies
カトリン・マレント ヴァイスプレジデント、企業、マーケティング、アウトリーチコミュニケーション担当 Katrien Maren, Vice President, Corporate, Marketing & Outreach Communications

［NERF（ニューロエレクトロニクス研究フランダース）］
https://www.nerf.be/com/en/lifesciences

氏名／所属・肩書
竹岡　彩 博士 グループリーダー Aya Takeoka, Ph.D. Group Leader
ファビアン・クロスターマン博士 グループリーダー Fabian Kloosterman, Ph.D. Group Leader

［RegMed（レッグメッド）］ https://www.regmed.be
https://s3platform.jrc.ec.europa.eu/personalised-medicine

氏名／所属・肩書
ヤン・スクローテン　コーディネーター Jan Schrooten, Coordinator

e-mail	所在地	掲載頁
rk.deruyver@fitagency.com en.kloeck@fitagency.com	〒 102-0084 東京都千代田区二番町 5 － 4 ベルギー王国大使館	p.40

e-mail	所在地	掲載頁
eter.peumans@imec.be atrien.marent@imec.be	imec tower (visits) Remisebosweg 1 3001 Leuven	p.54

e-mail	所在地	掲載頁
ya.takeoka@nerf.be	imec campus Kapeldreef 75 3001 Leuven	p.58,94
fabian.kloosterman@nerf.be		p.58,96

e-mail	所在地	掲載頁
jan.schrooten@antleron.com	（Antleron） Gaston Geenslaan 1 3001 Leuven	p.60

［VIB-UGent Center（ゲント大学）］ http://www.vib.be

氏名／所属・肩書
（炎症研究部門） https://www.irc.ugent.be/
ペーター・ヴァンデンアベーレ博士 ゲント大学教授／VIB-UGent　炎症研究部門　グループリーダー Peter Vandenabeele, Ph.D. VIB-UGent Center for Inflammation Research, Group Leader
ディルク・エレバウト博士 ゲント大学教授／VIB-UGent　炎症研究部門　グループリーダー Dirk Elewaut, Ph.D. VIB-UGent Center for Inflammation Research, Group Leader
浅岡朋子 VIB-UGent　炎症研究部門 Tomoko Asaoka VIB-UGent Center for Inflammation Research
（植物システム生物学部門） https://www.psb.ugent.be/
ワウト・ブールヤン博士 ゲント大学教授／VIB-UGent　植物システム生物学部門　グループリーダー Wout Boerjan, Ph.D. VIB-UGent Department of Plant Systems Biology, Group Leader
アラン・ホーセンス博士 ゲント大学教授／VIB-UGent　植物システム生物学部門　グループリーダー Alain Goossens, Ph.D. VIB-UGent Department of Plant Systems Biology, Group Leader
（医用生体工学部門） https://www.mbc.vib-ugent.be
ニコ・カレワールト博士 ゲント大学教授／VIB-UGent　医用生体工学部門　サイエンスダイレクター Nico Callewaert, Ph.D. VIB-UGent Center for Medical Biotechnology, Science Director
グザビエ・サーレンス博士 ゲント大学教授／VIB-UGent　医用生体工学部門　グループリーダー Xavier Saelens, Ph.D. VIB-UGent Center for Medical Biotechnology, Group Leader
レナート・マーテンス博士 ゲント大学教授／VIB-UGent　医用生体工学部門　グループリーダー Lennart Martens, Ph.D. VIB-UGent Center for Medical Biotechnology, Group Leader

e-mail	所在地	掲載頁
⋅ter.Vandenabeele@ugent.vib.be		p.64
⋅rk.elewaut@ugent.vib.be	Fiers-Schell-Van Montagu' building Technologiepark-Zwijnaarde 71 B-9052 Ghent	p.66
⋅moko.asaoka@ugent.vib.be		p.28
⋅out.boerjan@ugent.vib.be	Technologiepark 927 9052 Ghent	p.68
⋅lain.goossens@ugent.vib.be		p.70
⋅ico.callewaert@ugent.vib.be		p.72
Xavier.Saelens@ugent.vib.be	Albert Baertsoenkaal 3 9000 Ghent	p.75
lennart.martens@ugent.vib.be		p.78

[フランダースの主要研究機関、企業リスト]

[VIB-KU Leuven Center（ルーヴェン・カトリック大学）] http://www.vib.be

氏名／所属・肩書
（がん生物学センター） https://www.vibcancer.be/
ディーター・ランブレヒツ博士 ルーヴェン・カトリック大学教授／ VIB-KU Leuven　がん生物学センター　サイエンスダイレクター Diether Lambrechts, Ph.D. VIB-KU Leuven Center for Cancer Biology, Science Director
ペーター・カルメリッツ博士 ルーヴェン・カトリック大学教授／ VIB-KU Leuven　がん生物学センター　グループリーダー Peter Carmeliet, Ph.D. VIB-KU Leuven Center for Cancer Biology, Group Leader ギー・エーレン氏　ペーター・カルメリット博士研究室スタッフ Guy Eelen, Staff Scientist
（脳・疾患研究センター） https://www.cbd.vib.be/
リスベス・アーツ博士 VIB-KU Leuven　脳・疾患研究センター　サイエンスコミュニケーター Liesbeth Aerts, Ph.D. VIB-KU Leuven Center for Brain & Disease Research, Science Communicator
ヨリス・デウィット博士 ルーヴェン・カトリック大学／ VIB-KU Leuven　脳・疾患研究センター　副所長 Joris de Wit, Ph.D. VIB-KU Leuven Center for Brain & Disease Research, KU Leuven Department of Neuroscience Group Leader

[VIB-VUB Center（ブリュッセル自由大学）] http://www.vib.be

氏名／所属・肩書
（構造生物学部門） https://www.cryo-em.be/
ハン・レマウト博士 ブリュッセル自由大学（VUB）／ VIB　構造生物学部門　グループリーダー Han Remaut, Ph.D. VIB Center for Structural Biology, Group Leader
古庄公寿（※所属はインタビュー時） ブリュッセル自由大学（VUB）／ VIB　構造生物学部門　シニアリサーチャー Hirotoshi Furusho VIB Center for Structural Biology, Senior researcher

e-mail	所在地	掲載頁
ether.lambrechts@kuleuven.vib.be	Campus Gasthuisberg Herestraat 49, bus 912 3000 Leuven	p.82
eter.carmeliet@kuleuven.vib.be		p.86
ay.eelen@kuleuven.vib.be		
esbeth.aerts@kuleuven.vib.be	Campus Gasthuisberg O&N4 Herestraat 49, box 602 3000 Leuven	p.88
oris.dewit@kuleuven.vib.be		p.90

e-mail	所在地	掲載頁
nan.remaut@vub.vib.be	Pleinlaan 2 1050 Brussel	p.98
Marcus Fislage, EM Manager marcus.fislage@vub.be		p.100

[フランダースの主要研究機関、企業リスト]

[VIB-Uantwerp（アントワープ大学）] http://www.vib.be

氏名／所属・肩書
（分子遺伝学部門）https://www.molgen.vib-ua.be
アルベナ・ジョーダノヴァ博士 アントワープ大学教授／ VIB　分子遺伝学部門　グループリーダー Albena Jordanova, Ph.D. VIB-UAntwerp Center for Molecular Neurology, Group Leader

[ITM（熱帯医学研究所）] https://www.itg.be/

氏名／所属・肩書
ブルーノ・グリセールス博士 熱帯医学研究所　ディレクター Bruno Gryseels, Ph.D. Institute of Tropical Medicine, Director
バウケ・デヤン博士 熱帯医学研究所 Bouke de Jong, Ph.D. Institute of Tropical Medicine

e-mail	所在地	掲載頁
bena.jordanova@uantwerpen.vib.be	Campus Drie Elken Universiteltsplein 1 2610 Antwerp	p.102

e-mail	所在地	掲載頁
gryseels@itg.be	Nationalestraat 155 Antwerp	p.104
dejong@itg.be		

●カンパニー

［フランダース　バイオサイエンス主要企業］

氏名／所属・肩書	代表者氏名／肩書
バイオタリス biotalys	リュック・メルテンス　COO Luc Maertens, COO
プロダイジェスト ProDigest	マッシモ・マルゾラティ　CEO Massimo Marzorati, CEO エルス・ブルヒュースト　日本代表 Els Verhulst
ADx ニューロサイエンシズ ADx Neurosciences	クン・デワーレ　CEO Koen Dewaele, CEO ポール・アッペルモント　CBO Paul Appermont, CBO
ノビタン Novitan	トマス・オキエー　CEO Thomas Ockier, CEO
アカデミックラブズ AcademicLabs	アルネ・スモルダーズ　CEO Arne Smolders, CEO
デクレルク＆パートナーズ De Clerq & partners	アン・デクレルク　欧州・ベルギー弁理士 Ann De Clercq, Ph.D., European & Belgian Patent Attorney アンドレイ・ミシャリク　欧州弁理士 Andrej Michalik, Ph.D., European Patent Attorney
オントゥフォース Ontoforce	ハンス・コンスタント　CEO & 創設者 Hans Constandt, CEO & Founder ペーター・ヴュレイクト　シニアストラテジックアカウントマネージャー & 共同創設者 Peter Verrykt, Senior Strategic Account Manager & Co-founder
V－バイオ・ベンチャーズ V-Bio Ventures	クリスティーナ・タッケ博士　マネージング・パートナー Christina Takke, Ph.D., Managing Partner ウィレム・ブルカート博士　マネージング・パートナー Willem Broekaert, Ph.D., Managing Partner
アントルロン Antleron	ヤン・スクローテン　CEO Jan Schrooten, CEO

e-mail／Web	所在地	掲載頁
uc.Maertens@biotalys.com ttps://biotalys.com/	Technologiepark 94 9052 Ghent	p.108
Massimo.Marzorati@prodigest.eu Els.Verhulst@prodigest.eu ttps://www.prodigest.eu/en	Technologiepark 94 9052 Ghent	p.113
koen.dewaele@adxneurosciences.com paul.appermont@adxneurosciences.com http://www.adxneurosciences.com/en/	Technologiepark 4 9052 Ghent	p.116
thomas.ockier@novitan.com https://www.novitan.com/en	Beselarestraat 72 8890 Moorslede	p.118
arne@academiclabs.co https://www.academiclabs.co/	Korenmarkt 14b 9000 Ghent	p.121
ann.declercq@dcp-ip.com andrej.michalik@dcp-ip.com https://www.dcp-ip.com/	Edgard Gevaertdreef 10a 9830 Sint-Martens-Latem	p.124
hans@ontoforce.com peter.verrykt@ontoforce.com https://www.ontoforce.com/	Technologiepark 122 AA Tower, 3rd Floor 9052 Ghent	p.127
christina.takke@v-bio.ventures willem.broekaert@v-bio.ventures https://v-bio.ventures	Pieter van Reysschootlaan 2/104 9051 Ghent	p.130
jan.schrooten@antleron.com https://www.antleron.com/	Gaston Geenslaan 1 3001 Leuven	p.133

氏名／所属・肩書	代表者氏名／肩書
リマインド reMYND	クン・デウィッテ　代表取締役社長 Koen De Witte, Managing Director バルト・ルクール　受託研究責任者 Bart Roucourt, Head of Contract Research
ビオカルティス Biocartis	ヘルマン・ヴェルレルスト　CEO兼ダイレクター Herman Verrelst, CEO, Director エリック・ヴォッセナー博士　ビジネス開発担当 バイスプレジデン Erik Vossenaar, Ph.D., VP Business Development
エテルナ・イミュノセラピーズ eTheRNA immunotherapies	ウィム・ティスト　戦略部長 Wim Tiest, Head of Strategy and Project Manageme
ノボサニス Novosanis	ヴァネッサ・ファンケルホーフェン Vanessa Vankerckhoven, CEO
ジェナエ・アソシエーツ genae associates	バルト・セーゲルス　創設者＆CEO Bart Segers, Co-founder & CEO アリ・タレン　創設者兼ビジネス開発担当 シニアバイスプレジデント Aly Talen Co-founder & Sr. VP Business Developme
プルナ・ファーマシューティカルズ PURNA Pharmaceuticals	レイモンド・ヴァングヒュト　取締役会長 Raymond Van Gucht, Chairman Board of Directors クリストフ・フェルブルヘン　ビジネス開発担当 Kristof Verbruggen, Business Development
ヤンセン・ファーマスーティカ Janssen Pharmaceutica	トム・アルブレヒト　ヤンセン・キャンパス・オフィス長 （ベルギー） Tom Aelbrecht, Head of the Janssen Campus Office Belgium and Member of the Management Board, Janssen Pharmaceutica NV
アエリン・セラピューティックス Aelin Therapeutics	エリス・ベイルナート　CEO Els Beirnaert, CEO

e-mail／Web	所在地	掲載頁
oen.de.witte@remynd.com art.roucourt@remynd.com ttps://www.remynd.com/	Gaston Geenslaan 1 3001 Leuven	p.136
verrelst@biocartis.com vossenaar@biocartis.com ttps://www.biocartis.com/	Generaal de Wittelaan 11 B3 2800 Mechelen	p.140
vim.tiest@etherna.be ttps://www.etherna.be/	Galileilaan 19 2845 Niel	p.144
vanessa@novosanis.com ttps://novosanis.com	Bijkhoevelaan 32c 2110 Wijnegem	p.148
bart.segers@genae.com aly.talen@genae.com https://www.genae.com/	Justitiestraat 6 B 2018 Antwerp	p.151
rvg@purna.be KVU@purna.be https://www.purna.be/	Rijksweg 17 2870 Puurs	p.154
taelbrec@its.jnj.com https://www.janssen.com/belgium	Turnhoutseweg 30 2340 Beerse	p.158
els.beirnaert@aelintx.com https://aelintx.com/	Gaston Geenslaan 1 3001 Leuven	p.164

知の立国
ベルギー・フランダースのライフサイエンス
「化学工業日報」欧州バイオ産業取材班

2020年6月9日　初版1刷発行

発行者　織　田　島　　修

発行所　化学工業日報社

〒103-8485　東京都中央区日本橋浜町3-16-8

電話　　　03（3663）7935（編集）

　　　　　03（3663）7932（販売）

振替　　　00190-2-93916

支社　大阪　支局　名古屋、シンガポール、上海、バンコク

HPアドレス　https://www.chemicaldaily.co.jp/

印刷・製本：平河工業社

DTP：ニシ工芸

カバーデザイン：伊藤デザイン事務所

ISBN978-4-87326-720-3　C0058